ulmer

Anja Jakob & Cordula Weiß

Hundespiele

für drinnen und draußen

Denksport,
Tricks & Spiele
für jeden Hund

Anja Jakob

Hundespiele für drinnen

Cordula Weiß

Hundespiele für draußen

Hundespiele für drinnen

Drinnen spielen?

Sicher sind Sie und Ihr Hund gerne draußen in der Natur, lieben ausgedehnte Spaziergänge und Beschäftigung im Freien. Es gibt jedoch immer wieder Tage, an denen es schön wäre, wenn auch mal ein kurzer Gassigang ausreichen würde, ohne dass man gleich ein schlechtes Gewissen haben muss. Sei es, weil Sie Handwerker im Haus haben, großer Hausputz angesagt ist, Sie im Büro sitzen und länger arbeiten müssen, mal wieder auf den Paketdienst warten müssen, Sie oder Ihr Hund krank sind und nicht weit laufen können, das Wetter draußen mehr als ungemütlich ist oder ...

In diesem Buch finden Sie zahlreiche Ideen und Anregungen, wie Sie Ihren Hund in den eigenen vier Wänden „schnell mal zwischendurch" so auslasten können, dass er danach zufrieden in seinem Körbchen schlummert und Sie mehr Zeit für andere Dinge haben. Natürlich wird Ihr Hund auch nichts dagegen haben, wenn Sie – obwohl Sie täglich lange gemeinsam unterwegs sind – einfach nur zum Spaß ab und an auch zu Hause noch ein wenig mit ihm spielen und tricksen ...

Clicker, Markersignal oder Lobwort und Belohnung

Für mich ist das Training über positive Verstärkung mit dem Clicker, Markersignal (wie zum Beispiel ein Zungenschnalzer oder Lobwort) und Leckerlis der effektivste Weg, um Hunde zum Mitdenken und Verstehen anzuregen und ihnen Neues beizubringen. Das Symbol im Text sagt Ihnen immer, wann Sie Ihrem Hund mittels Clicker, Markersignal oder Lobwort die Rückmeldung geben sollen, dass er jetzt gerade, also in dem Moment, in dem das Click-Geräusch, der Marker oder das Lobwort erklingt, etwas richtig gemacht hat und dafür gleich eine Belohnung bekommt. Dies kann eine Futter-, aber auch eine Spiel- oder sonstige Belohnung sein. Der Vorteil ist, dass man so ein wenig Zeit gewinnt und beim Training kein Futter in der Hand haben muss. Denn das lenkt die Hunde meist sehr ab und hindert sie am Lernen. Nach der punktgenauen Rückmeldung haben Sie genügend Zeit, um in Ruhe in die Futtertasche zu greifen, damit Ihr Hund das versprochene Leckerli erhält.

Ohne Futter vor der Nase können sich gerade die sehr futterbesessenen Hunde besser auf die jeweiligen Übungen und Lernschritte konzentrieren. Wir Menschen werden ja auch nicht immer direkt belohnt. Oder wedelt Ihr Chef tagtäglich mit Geldscheinen vor Ihrer Nase herum, um Sie zum Arbeiten zu motivieren? Das fänden Sie zwar toll, aber es würde doch sehr ablenken. Auch Sie müssen darauf vertrauen, dass der Lohn für Ihre Arbeit folgt – nur hat Ihr Hund den Vorteil, dass er auf seinen Lohn nicht bis zum Ende des Monats warten muss ...

Tipps für Hektiker und Skeptiker

Die Belohnung muss auch nicht immer ein Leckerli sein, sondern kann auch mal ein Spielzeug oder etwas anderes sein, was für Ihren Hund in genau diesem Moment eine Belohnung darstellt. Das kann individuell sehr unterschiedlich sein. Neben einem Lobwort und Leckerlis können Sie Ihren Vierbeiner zur Abwechslung mal mit dem Werfen eines Futterbeutels oder Spielzeugs bestätigen. Vielleicht liebt er es auch, hinter den Ohren, am Popo oder Bauch gekrault zu werden oder mit Ihnen herumzualbern? Bei einigen der Übungen in diesem Buch beschäftigt sich Ihr Hund auch mit Requisiten wie Gummitierchen oder Socken – was für manche Hunde sogar selbstbelohnend ist. Sie möchten in dem Moment oft gar kein Leckerli mehr haben. Sollte Ihr Hund die Gegenstände jedoch gar zu toll finden und nicht mehr hergeben wollen, so tauschen Sie mit ihm gegen sein Lieblings-Spielzeug oder ein sehr hochwertiges Leckerli. Auch wenn Sie etwas Neues, Herausforderndes üben möchten oder einen kleinen Couch-Potatoe haben, der sich nur sehr

▼ Mir ist ja sooooo langweilig ...
Können wir nicht irgendwas tun?

Auf einen Blick

Wie leicht ist die Spielidee umzusetzen? Wie zeitaufwändig ist sie? Wie viel Platz wird benötigt? Diese Infos finden Sie bei jeder Anleitung.

Zeitaufwand:

- gering
- mittel
- hoch

Schwierigkeitsgrad:

- einfach
- mittel
- anspruchsvoll

Platzbedarf:

- gering
- mittel
- hoch

schwer für neue Übungen begeistern lässt, sollten Sie neben den normalen Leckerlis auch mal mit Käse- oder Fleischwurstwürfeln oder anderen Leckereien belohnen, die er nur sehr selten bekommt.

Der Weg ist das Ziel

Je abwechslungsreicher und überraschender das Training und die jeweiligen Belohnungen gestaltet werden, umso mehr Spaß macht es Ihrem Hund und umso freudiger und schneller lernt er. Es geht bei den Übungen jedoch nicht darum, dass Ihr Hund sie möglichst schnell lernen soll, sondern darum, dass Sie möglichst lange gemeinsam viel Spaß haben.

Denksport

Schnelles für zwischendurch

Hunde lieben Denkspiele. Es macht ihnen Spaß, immer wieder neue Herausforderungen zu meistern, um an eine Belohnung zu kommen. Sie werden angeregt mitzudenken und finden kreativ neue Wege, um die gestellten Aufgaben zu lösen. Der Fachhandel bietet inzwischen eine große Auswahl solcher Denkspiele – doch leider sind sie meist recht teuer. Daher möchte ich Sie anregen, sich davon nur inspirieren zu lassen und mit offenen Augen durch Keller, Speicher, Garage oder den Baumarkt zu gehen.

Spiele mit vergleichbaren Mechanismen lassen sich oft schnell und günstig selbst basteln und immer wieder neu gestalten. Die meisten Aufgaben ähneln sich. Die Hunde müssen zum Beispiel etwas zur Seite schieben, anheben, runterdrücken oder daran ziehen, um zum Erfolg zu kommen.

Leckerli-Irrgarten *Suchspiel und Zungengymnastik*

Für wen? *1 Mensch + 1 Hund*

Welche Hilfsmittel? *Pflanztablett, verschiedene Gegenstände*

Voraussetzungen? *Keine*

Die Aufgabe:

Stürmen Sie das nächste Gartencenter und besorgen Sie sich eine Auswahl an Pflanztabletts aus Plastik, in denen normalerweise die Blumentöpfe transportiert werden. Sie bekommen Sie in der Regel kostenlos. Es gibt sie in zahlreichen Varianten, die immer wieder neue Herausforderungen mit sich bringen.

Aufgabe Ihres Hundes ist es, in den Vertiefungen nach Leckerchen zu suchen und diese mit der Zunge herauszufischen. Das ist manchmal gar nicht so einfach, denn einige Pflanztabletts haben Verbindungskanäle, damit sich das Wasser beim Gießen besser verteilt. Dadurch flutschen die Leckerchen beim Versuch, sie herauszuholen, gerne mal ins nächste Abteil.

Je kleiner der Durchmesser der Vertiefungen ist, umso schwerer ist es, die Leckerchen herauszuangeln. Dafür ist es relativ leicht, Gegenstände herunterzuschubsen, die als zusätzliche Schikane obendrauf gelegt werden können. Je größer der Durchmesser der Vertiefungen ist, umso tiefer liegen die Gegenstände darin und sind so schwerer zu entfernen.

Schritt für Schritt:

1. Lassen Sie Ihren Hund mit etwas Abstand zuschauen, während Sie das Tablett mit Leckerchen füllen. Gegebenenfalls binden Sie ihn kurz an oder bitten jemanden, ihn solange festzuhalten.
2. Sollte Ihr Hund das Tablett gruselig finden oder ist es eines seiner ersten Denkspiele, so legen Sie die Leckerchen anfangs auf den Rand, aber auch in einige der Vertiefungen.
3. Stellen Sie das Tablett vor Ihren Hund, halten Sie es mit einer Hand fest und fordern Sie ihn zum Suchen auf.
4. Ermuntern Sie ihn immer wieder und loben Sie ihn mit Ihrer Stimme, wenn er erfolgreich war und ein Leckerchen herausgefischt hat.
5. Im nächsten Schritt verstecken Sie die Leckerlis unter Bällen, Spielzeugen oder Joghurtbechern, die Sie obendrauf legen. Dabei muss nicht unter jedem Gegenstand ein Leckerli liegen. Ihre Schnuffelnase soll ja schließlich auch suchen und sich anstrengen.
6. Steigern Sie den Schwierigkeitsgrad von Mal zu Mal. Sie können schwere Boulekugeln aus Metall nehmen oder Gegenstände, die in den Löchern tiefer drin sitzen – zum Beispiel Muffin-Backförmchen aus Silikon. Schneiden Sie aus einem Schwamm oder Schaumstoffblock runde Scheiben zurecht, die komplett in den Öffnungen verschwinden, oder zerknüllen Sie Zeitungspapier, in das Sie zusätzlich Leckerchen einwickeln.
7. Eine weitere Variante: Verstecken Sie verschiedene Leckereien und finden Sie heraus, welche Ihr Hund am liebsten vernascht.

▸ **Beliebter Klassiker für Hunde mit wenig Denkspiel-Erfahrung, unsichere Hunde und Welpen. Der Schwierigkeitsgrad ist variabel, Hunde verlieren dabei auch ihre Scheu vor fremden Gegenständen und Geräuschen und kommen schnell zum Erfolg.**

▶ **Ridgeback-Dame** Lavita beim Naseneinsatz.

Flaschen kullern *Günstige Alternative zum Futterball*

Die Aufgabe:

Hier muss Ihr Hund einen Weg finden, wie er an die Leckerlis in den Flaschen kommt.

Für wen? *1 Mensch + 1 Hund*

Welche Hilfsmittel? *Leere Plastikflaschen, Nagelschere, scharfes Messer oder Akkubohrer*

Voraussetzungen? *Keine*

▶ Australian Shepherd-Welpe Trudy erkundet das neue Spielzeug.

Variante: Mehrere Flaschen im Tragekorb mit Leckerlis spicken

Sobald Ihr Hund den Dreh raus hat und die Flasche munter durch Ihre Wohnung kullert, können Sie die Übung schwieriger gestalten. Besorgen Sie weitere Flaschen, die Sie in einen Flaschenkorb stellen. Die Leckerlis verstecken Sie nun sowohl in als auch unter den Flaschen. So hat Ihr Hund viel länger zu tun.

Schritt für Schritt:

1. Bohren Sie in eine leere Plastikflasche mehrere Löcher. Am besten geht das mit einem Akku-Bohrer. Nehmen Sie zuerst einen dünnen und dann einen dickeren Bohrer, damit das Plastik nicht zerspringt. Alternativ können Sie auch ein scharfes Messer oder eine Nagelschere verwenden.
2. Der Durchmesser der Löcher sollte nur wenig größer sein als der Durchmesser der Leckerlis, die Sie verwenden.
3. Die scharfen Kanten glätten Sie entweder mit einem scharfen Messer oder indem Sie kurz die Flamme eines Feuerzeugs an die Löcher halten. Machen Sie dies an der frischen Luft und halten Sie die Flasche hoch und die Flamme von unten senkrecht in das jeweilige Loch, damit es rund bleibt und nicht zu viel Plastik schmilzt.
4. Nun können Sie ein paar Leckerchen in die Flasche geben und den Deckel wieder draufschrauben – Ihr Hund ist sicher schon ganz gespannt.
5. Stellen oder legen Sie die Flasche nun vor Ihren Hund und warten Sie, was er macht.
6. Sollte er versuchen hineinzubeißen, nehmen Sie ihm die Flasche postwendend wieder weg und sagen Sie traurig „Schade!“. Nach ein paar Sekunden geben Sie sie ihm wieder.
7. Sollte er wieder hineinbeißen wollen, halten Sie die Flasche fest und zeigen Sie sie Ihrem Hund. Solange er sie vorsichtig beschnuppert, mit der Nase anstupst oder pfötelt, loben Sie ihn.
8. Legen Sie sie dann erneut auf den Boden. Schon bald wird er verstehen, dass er die Flasche nur anstupsen soll, damit die Leckerlis rauspurzeln.

Hütchenspiele *mal anders*

Die Aufgabe:

Ihr Hund soll Pylonen, Trink- oder Joghurtbecher lupfen, um an seine Belohnung zu kommen.

Für wen? *1 Mensch + 1 Hund*

Welche Hilfsmittel? *Zum Beispiel Becher und Schälchen aus Kunststoff, kleine Pylonen etc.*

Voraussetzungen? *Keine*

▲ **Schwuppdiwupp – weg das Ding!**

Schritt für Schritt:

1. Spielen Sie zunächst das klassische Hütchenspiel. Dazu verstecken Sie ein Leckerli unter einem von drei umgedrehten Bechern. Diese verschieben Sie dann geheimnisvoll vor Ihrem gespannt zuschauenden Glücksspieler, bevor er mit der Suche beginnen darf.
2. Jetzt wird es schwerer – nehmen Sie einen Becher in die Hand und lassen Sie ein Leckerchen hineinplumpsen. Halten Sie ihm das Gefäß in Ihrer Hand hin, sodass er versuchen kann, es mit seiner Zunge herauszufischen. Ihr Hund hat sicher eine seeehr lange Zunge … Lassen Sie ihn ruhig eine Weile probieren. Wenn es gar nicht geht, weil die Nase einfach zu dick ist, suchen Sie nach einem passenderen Gefäß.
3. Im nächsten Schritt muss er zunächst etwas entfernen, bevor Ihr Vierbeiner an sein Leckerchen kommt. Dazu legen Sie einen zweiten Becher oben quer auf den anderen, in dem sich wieder ein Leckerli befindet. Diese Aufgabe hat er sicher ganz schnell gelöst.
4. Nun legen Sie wieder ein Leckerli in den Becher und stecken einen zweiten Becher hinein, sodass nur noch ein schmaler Rand oben herausschaut. Ihr Tüftler muss nun einen Weg finden, den oberen Becher zu entfernen. Manche schubsen ihn mit der Nase weg, nehmen ihn sanft mit den Zähnen heraus oder angeln mit den Pfötchen. Halten Sie den unteren Becher auf jeden Fall gut fest.
5. Überlegen Sie sich weitere Herausforderungen – zum Beispiel zwei Nudelsiebe, Schüsseln oder zwei Pylonen übereinander.

▼ Sandy – eine begeisterte Hütchenspielerin.

Leckerli-Mikado *Da guckst du in die Röhre*

Die Aufgabe:

In welcher der Röhren verstecken sich Leckerlis und wie kommt Ihr Hund da ran?

Für wen? *1 Mensch + 1 Hund*

Welche Hilfsmittel? *Kabelkanäle aus dem Baumarkt, Abflussrohrstücke oder Joghurtbecher*

Voraussetzungen? *Keine*

Variante für Profischnüffler

Stellen Sie mehrere Becher, die sie mit Leckerchen spicken, in eine Kiste. Besonders gut eignen sich kurze Abflussrohrstücke aus dem Baumarkt, die Sie an einem Ende mit einem passenden Stopfen verschließen. Sie sind stabiler, splittern nicht und haben eine schmalere Öffnung als Joghurtbecher, sodass Ihr Schnuffel sie aus der Kiste herausholen und kullern muss, damit die Leckerchen herausfallen.

Schritt für Schritt:

1. Im Baumarkt erhalten Sie Kabelkanäle mit verschiedenen Durchmessern – je nachdem, wie dick Ihre Leckerlis sind.
2. Sägen Sie die Kabelkanäle in kurze und längere Stücke. Alternativ können Sie auch Abflussrohrstücke nehmen, die es gleich in verschiedenen Längen und Formen gibt.
3. Beginnen Sie mit einem sehr kurzen Stück, in das Sie ein Leckerli legen – es muss leicht herausrollen können, damit Ihr Hund keinen Grund hat, das Röhrchen zu zerbeißen. Sollte er dies dennoch versuchen, nehmen Sie es ihm kurz weg und sagen „Schade!".
4. Geben Sie es ihm wieder und solange er es nur mit der Nase oder den Pfoten bearbeitet, kullert oder an einer Seite sanft mit den Zähnen hochhebt, loben Sie ihn mit Ihrer Stimme.
5. Klappt es mit dem kurzen Röhrchen, nehmen Sie nach und nach weitere und immer längere Stücke mikado-artig hinzu.
6. Je länger die Röhren sind, umso kniffliger wird es. Wenn Sie eine in Falten gelegte Decke unter die Röhren legen, rollen Röhren und Leckerlis nicht so leicht weg und die Leckerlis purzeln zudem lautlos heraus.
7. Noch schwieriger können Sie es machen, wenn Sie das eine Ende der Röhren mit einem Stückchen Küchenpapier verstopfen. So können die Leckerlis nur an einem Ende herausfallen oder Ihr Nasenkünstler muss zuerst das Papier herauszupfen.
8. Verstecken Sie auch mal verschiedene Sorten von Leckerlis in den Röhren und schauen Sie, welche Ihr Gourmet bevorzugt und als erstes sucht.
9. Dieses Spiel macht auch Kindern riesigen Spaß.

▶ **Phoebe** wundert sich: „Da muss es doch irgendwo sein?“

Flaschendrehen Nix für Flaschen

Die Aufgabe:

Die Flasche am Stab mit der Schnauze oder den Pfoten drehen, sodass ein Leckerli herausfällt.

Für wen? *1 Mensch + 1 Hund*

Welche Hilfsmittel? *Leere, stabile Plastikflasche, scharfes Messer oder Akkubohrer, Kochlöffel oder Stab*

Voraussetzungen? *Keine*

▲ **Schäfer-Mix Perle hat den Dreh raus.**

Schritt für Schritt:

1. Bohren Sie (wie auf Seite 14 beschrieben) zwei Löcher in die obere Hälfte der Plastikflasche und stecken Sie den Kochlöffel oder Stab hindurch.
2. Der Schwerpunkt der Flasche sollte also unten liegen und der Flaschenhals zeigt immer nach oben.
3. Hat Ihr Schlaumeier bereits mehrere Denkspiele erfolgreich gemeistert, halten Sie ihm die Flasche am Stab einfach vor die Nase, lassen vor seinen Augen ein Leckerli hineinplumpsen und warten, was ihm so einfällt, um die neue Aufgabe zu lösen.
4. Beißen in den Flaschenhals quittieren Sie mit „Schade!" und halten die Flasche kurz weg von ihm.
5. Natürlich könnten Sie Ihrem Hund auch helfen. Doch es soll ja ein Denkspiel sein. Daher geht es nicht darum, dass er es möglichst schnell lernt. Lassen Sie ihn ausprobieren – umso mehr Freude haben Sie beide daran!
6. Ansonsten könnten Sie jede Aktion Ihres Hundes, die prinzipiell zum Erfolg führen würde, bestärken, indem Sie ihn loben und die Flasche selbst kippen, damit das Leckerchen herauspurzelt. Zu Beginn belohnen Sie schon jedes leichte Anstupsen mit der Nase oder halten die Flasche mit einer Hand waagerecht und die andere oben drüber und animieren ihn so zum „Pfote geben" (siehe Seite 24 und 50). Ziehen Sie ihre Hand dann schnell weg, sodass er die Flasche trifft.
7. Von Mal zu Mal erwarten Sie von Ihrem pfiffigen Vierbeiner nun, dass er sich mehr anstrengt, indem er fester stupst oder zwei-, dreimal mit der Pfote auf die Flasche patscht, bevor Sie sie für ihn umdrehen. Bald kann er es ganz alleine.

▶ **Gleich kommt's geflogen ...**

Was tun, wenn mein Hund Angst vor der Flasche und ihren Geräuschen hat?

Halten Sie die Flasche mit einer Hand zunächst ohne Stab waagerecht vor Ihren Hund und legen ein Leckerli in den Flaschenhals. Jedes Mal, wenn er sich etwas näher an die Flasche traut, lassen Sie eines herauspurzeln. Bald traut er sich dann auch, vorsichtig mit der Zunge direkt an der Flasche danach zu fischen oder mit der Nase dagegen zu stupsen.

Fliegende Untertassen und Leckerlis

Die Aufgabe:

Aus einer Flasche muss Ihr Hund mehrere Täfelchen herausziehen, damit das Leckerli unten herausfällt.

Für wen? *1 Mensch + 1 Hund*

Welche Hilfsmittel? *Plastikflasche, Laubsäge, Küchenmesser, Platz-Set, Schere, Stift, Papier*

Voraussetzungen? *Keine*

◄ **Wart' nur – ich krieg' Dich!**

Schritt für Schritt:

1. Sägen Sie in eine stabile Plastikflasche jeweils bis zur Mitte mehrere Schlitze und glätten Sie die scharfen Kanten mit einem Küchenmesser.
2. Schieben Sie ein Stück Papier in den Schlitz und zeichnen mit dem Stift den Halbkreis der Flasche nach. Mit Hilfe dieser Schablone schneiden Sie nun passende Tafeln aus dünner Pappe oder einfachen Plastik-Platz-Sets zurecht.
3. Werfen Sie ein Leckerli in die Flasche und schieben zunächst nur eine der Tafeln in die Flasche. Diese drehen Sie dann um und halten sie Ihrem Hund vor die Nase.
4. Lassen Sie ihn ausprobieren, was er diesmal tun muss – vielleicht kommt er mit der Zeit ganz alleine auf die Lösung des Problems. Zu rabiates Verhalten wird wieder mit „Schade!" unterbrochen.
5. Helfen können Sie, indem Sie ihm ein Signal wie „Nimms", „Bring" oder „Zieh" geben (siehe Seite 34).
6. Eine weitere Möglichkeit wäre, eine der Tafeln auf einen Hocker zu legen, sodass sie etwas über den Rand der Sitzfläche hinausragt und sie sich dann bringen zu lassen. Stecken Sie sie erneut in die Flasche, halten ihm beides hin und sagen nochmal „Bring".
7. So langsam wird ihm dämmern, was sie von ihm wollen – versuchen Sie es nun erneut mit einem Leckerchen und einer Tafel in der Flasche. Sobald es klappt, nehmen Sie weitere Tafeln hinzu.
8. Lassen Sie ihn am oberen Ende beginnen, sodass das Leckerli bei jeder herausgezogenen Tafel eine Etage nach unten plumpst, das steigert die Spannung.

▶ Zug um Zug zum Ziel.

Surprising Tubes *Die überraschenden Röhren*

Für wen? *1 Mensch + 1 Hund*

Welche Hilfsmittel? *Materialien und Hilfsmittel in der Bauanleitung*

Voraussetzungen? *Keine*

Die Aufgabe:

Dieses Spiel ist etwas aufwendiger nachzubauen. Aufgabe Ihres Vierbeiners ist es, die Abflussrohre in dem Gestell herunterzudrücken und eine Weile ruhig unten zu halten, bis ein Leckerli oder Ball herausrollt. Die Röhre kann er dabei mit der Nase oder mit den Pfoten herunterdrücken. Es reicht jedoch nicht, sie nur anzustupsen oder mit dem Pfötchen einmal kurz draufzupatschen. Denn das Leckerli braucht eine Weile, bis es zum Ausgang gerollt ist. Lässt Ihr Hund die Röhre erwartungsfroh wieder los, sobald das Leckerli anfängt zu kullern, schnellt die Röhre zurück nach oben und das Leckerli rollt ans untere Ende zurück. Dort sind die Röhren verschlossen. Durch das Geräusch, das dabei entsteht, lässt er sich vielleicht auch irritieren und läuft auf die andere Seite, wo er das Leckerli aber natürlich vergeblich sucht.

Bevor Sie mit diesem Spiel beginnen, haben Sie mit Ihrem Hund sicher schon andere Denkspiele aus diesem Buch ausprobiert. Helfen ist also eigentlich nicht notwendig. Er wird früher oder später auf des Rätsels Lösung kommen, wie der Mechanismus diesmal funktioniert. Und nachdem Sie so lange gebastelt haben, sollte doch auch Ihr Hund möglichst lange Freude am Tüfteln haben, oder etwa nicht?

Schritt für Schritt:

Unter folgendem Link finden Sie eine ausführliche bebilderte Bauanleitung, mit deren Hilfe Sie die Surprising Tubes ganz einfach nachbauen können, ohne handwerkliches Geschick haben zu müssen: *https://bitly.com/surprisingtubes*. Sie können natürlich auch selbst kreativ werden und ein eigenes Modell entwerfen.

1. Sobald alles fertig ist, soll Ihr Hund zuschauen, wie Sie Leckerlis oder seinen Ball in den Röhren verschwinden lassen. Und dann ist er am Zuge. Lassen Sie ihn einfach mal machen.
2. Er wird seinen Grips schon anstrengen und viel Freude am Ausprobieren haben. Denn bei den bisherigen Spielen gab es am Ende ja auch immer eine Belohnung. Es macht Ihrem Hund sicher auch viel mehr Freude, wenn er von ganz alleine auf die Lösung gekommen ist – ohne Hilfe. Das geht uns Menschen ganz genauso.
3. Nachdem Ihre schlaue Fellnase nun herausgefunden hat, dass man die Röhre nur lange genug unten halten muss, bis das Leckerchen herauskullert, können Sie es schwerer machen. Überlegen Sie sich neue Herausforderungen. Verstecken Sie zum Beispiel wieder ein Leckerchen in einer Röhre und verstopfen Sie diese anschließend mit zusam-

▶ Plopp – „Ich höre es, ich rieche es, ... aber wie komme ich da nur ran???“

mengeknülltem Küchenpapier, einem Schwamm, einer Socke oder einem Dummy an einem Seil, das noch ein Stückchen aus der Röhre herausschaut. Ihr Hund wird wieder freudig die Röhre nach unten drücken und sich wundern, warum diesmal nichts herauskommt. Er muss nun herausfinden, warum, und lernen, dass zuerst die Verstopfung beseitigt werden muss und erst dann durch erneutes Herunterdrücken der Röhre die verdiente Belohnung ans Tageslicht kommt.

4. Eine weitere Variante wäre, Ihren Hund dazu zu animieren und ihn dahingehend zu fördern, dass er ganz bewusst ein anderes Verhalten zeigt, als er es von sich aus tun würde. Möchte Ihr Hund die Röhren mit seiner Schnauze herunterdrücken, üben Sie mit ihm ganz gezielt, es zukünftig auf ein entsprechendes Signal hin mit der Pfote zu tun.
5. Lassen Sie Ihren Hund dazu vor der Röhre „Sitz“ machen, halten Sie Ihre Hand genau über das obere Ende der Röhre und fordern Sie ihn auf, Ihnen die Pfote zu geben (siehe Seite 50). Sobald seine Pfote Ihre Hand berührt, das heißt, Sie loben ihn und geben ihm ein Leckerli aus Ihrer anderen Hand. Beim nächsten Mal ziehen Sie, sobald Ihr Hund mit der Pfote in Richtung Ihrer Hand zielt, diese geschickt zurück, sodass er stattdessen mit seiner Pfote die Röhre berührt. Belohnen Sie ab jetzt nur noch dieses neue Verhalten – das bisherige Anstupsen mit der Nase ignorieren Sie.
6. Wenn Sie dagegen einen kleinen Schläger-Typen haben, der auf den Röhren jedes Mal mit den Pfoten herumtrommelt, bringen Sie ihm bei, die Röhren auf Ihr Signal „Stups“ ab jetzt nur noch mit der Nasenspitze herunterzudrücken (siehe Seite 46).
7. Die meisten Hunde fasziniert das Spiel jedes Mal aufs Neue, auch wenn sie das Prinzip schon lange verstanden haben.

3, 2, 1, ... deins – **Apportierspiele**

Apportierspiele zählen zu den beliebtesten Beschäftigungen mit unseren Hunden. Manche Hunde bieten es von sich aus an – andere müssen es erst lernen. Meist sind wir Menschen jedoch recht einfallslos und es bleibt bei „such und bring das Bällchen“. Viele Hunde freuen sich riesig, wenn man ihnen etwas wirft, aber sie bringen es deswegen noch lange nicht jedes Mal zurück ...

In diesem Kapitel erfahren Sie unter anderem, wie Sie Ihrem vierbeinigen Begleiter beibringen, dass er Ihnen Spielzeuge zuverlässig zurückbringt und in Ihre Hand legt. Weitere Ideen, bei denen das Bringen von Gegenständen im Mittelpunkt steht, finden Sie im Kapitel „Kinderspiele mit Hund neu entdeckt“.

Meins oder deins? *Bring's mir bitte!*

Für wen? *1 Mensch + 1 Hund*

Welche Hilfsmittel? *Apportiergegenstände*

Voraussetzungen? *Keine*

Die Aufgabe:

Ihr Hund soll lernen, Ihnen Gegenstände zuverlässig in die Hand zu geben. Dabei muss man unterscheiden: Es gibt zum einen Hunde, die bisher noch gar nicht apportieren, und zum anderen Hunde, denen man zwar ein Apportel werfen kann, die damit aber nicht wiederkommen oder es nicht abgeben wollen. Sie rennen freudig hinterher, nehmen den Gegenstand, kauen darauf herum und fordern ihren Zweibeiner immer wieder zu einem Zerrspiel auf oder weichen zurück, sobald man ihnen das Spielzeug abnehmen möchte.

Nimmt Ihr Hund bisher gar nichts oder nur sehr ungern etwas ins Maul, müssen Sie ein Objekt aus einem Material finden, das Ihrem Hund möglichst angenehm ist. Dabei spielen Größe, Material und auch die Form eine Rolle – probieren Sie verschiedene aus: Gummi, Stoff, Plüsch, Holz, groß, klein, dick, dünn oder möglichst leicht.

Haben Sie dagegen das Problem, dass Ihr Hund vor lauter Freude mit den Gegenständen nur herumalbert, dann wählen Sie einen Gegenstand, den er deutlich weniger toll findet. Also statt seinen Lieblingsspielzeugen zum Beispiel ein Metall-Apportel, das kann auch ein Löffel sein.

Schritt für Schritt:

1. Halten Sie Ihrem Hund den gewählten Gegenstand vor die Schnauze und sagen Sie „Nimm's". Er wird eventuell gleich daran schnuppern oder knabbern. Sie können auch etwas Leberwurst daran schmieren.
2. Immer, wenn er den Gegenstand berührt: 👍. Dabei erwarten Sie von Mal zu Mal mehr Aktion von Ihrem Hund, bis er seine Zähne ganz darum legt. Sollte Ihr Hund bisher noch gar nicht apportieren, kann es mehrere Trainingseinheiten dauern, bis er den Gegenstand jedes Mal kurz ins Maul nimmt, wenn Sie ihn ihm hinhalten.

Trainer-Tipps:

- Sollte Ihr Hund dazu neigen, auf dem Gegenstand herumzukauen oder Ihnen immer wieder Zerrspiele damit anzubieten statt ihn ruhig abzugeben, dann üben Sie mit ihm zunächst „Pattex".
- Dazu setzen Sie sich seitlich neben ihn und legen Ihre offene Hand zunächst ganz kurz unter sein Kinn = 👍. Wenn Sie sich frontal vor ihn hinsetzen, könnte er es mit der Übung Pfötchen geben verwechseln. Jedes Mal versuchen Sie Ihre Hand ein bisschen länger unter seinem Kinn zu lassen. Am besten geht das, wenn Sie ihm Leckerchen geben, solange Ihre Hand noch unter dem Kinn ruht – sagen Sie dazu immer wieder „Pattex". Nach einigen Wiederholungen versuchen Sie, Ihre Hand nach der Leckerligabe drei Zentimeter tiefer zu halten. Rutscht er mit dem Kinn nach und sucht wieder den Kontakt zu Ihrer Hand? Bingo! Schlauer Hund und natürlich 👍. Im nächsten Schritt üben und sagen Sie „Pattex", legen Ihre Hand unter sein Kinn und legen ihm mit

▶ Merlin übt „Pattex" – und dabei einen Gegenstand ruhig im Maul zu halten.

der anderen ein Apportel ins Maul. Er kann nicht gleichzeitig sein Kinn in ihre Hand drücken und auf dem Gegenstand kauen oder anderen Quatsch machen.

- Vielen Hunden fällt es leichter oder macht es einfach mehr Spaß, wenn mehrere Apportiergegenstände im Spiel sind und sie diese nicht direkt in Ihre Hand abgeben müssen. Probieren Sie mal die folgende Übung aus. Dazu brauchen Sie zwei Gummitier-Familien, die Sie in Babyspielzeug-Abteilungen in vielen Farben und Formen finden.
- **Variante:** Entchen und Frösche farblich zuordnen: Die Gummitier-Familien eignen sich wunderbar zum Apportieren. Sie können Ihrem Hund damit auch das Unterscheiden von Farben beibringen. Halten Sie ihm zu Beginn, je nachdem, mit welchem der kleinen Tierchen er kommt, das zugehörige große hin (siehe Seite 26). Später muss er selbst entscheiden und richtig zuordnen, um eine Belohnung von Ihnen zu bekommen.

3. Halten Sie den Gegenstand dabei fest in der Hand. Immer, wenn er seine Zähne kurz um den Gegenstand legt, sagen Sie Ihr Lobwort und sofort wieder „Aus" und 👍. Loben Sie ihn und geben Sie ihm ein Leckerli. Wenn dies attraktiv genug ist, wird auch ein sehr apportierfreudiger Hund den Gegenstand gerne wieder loslassen.
4. Geben Sie ihm den Gegenstand erneut, lassen ihn kurz los und halten Ihre Hand sofort unter sein Kinn. Sagen Sie „Aus" und wenn er ihn ausspuckt: 👍.
5. Legen Sie den Gegenstand nun vor sich auf den Boden, sagen Sie „Nimm's" und „Bring's" und halten Ihre Hand ganz ruhig in die Nähe.
6. Sobald dies klappt, legen Sie das Apportel immer ein Stückchen weiter weg. Landet es beim Bringen nicht gleich direkt in Ihrer Hand, helfen Sie ihm, indem Sie ihm mit der Hand ein Stückchen entgegenkommen. 👍 gibt es bald nur noch, wenn er Ihnen den Gegenstand in die Hand gelegt hat. Erst wenn dies zuverlässig klappt, können Sie den Gegenstand auch mal werfen.

Hochstapler *Eins geht noch!*

Die Aufgabe:

Ihr Hund soll verschiedene Gegenstände geschickt aufeinander stapeln.

Für wen? *1 Mensch + 1 Hund*

Welche Hilfsmittel? *Gegenstände zum Stapeln*

Voraussetzungen? *Apportieren (siehe Seite 28 f.)*

Schritt für Schritt:

1. Nehmen Sie mehrere Objekte, die sich ineinander stapeln lassen. Zum Beispiel Trinkbecher, Müslischalen, Aufbewahrungsbehälter ... Je nach Form ist dies für Ihren Stapelkünstler einfacher oder schwieriger.
2. Geben Sie Ihrem Hund eins davon und bitten Sie ihn, es Ihnen in die Hand zu geben.
3. Halten Sie diesen Gegenstand fest und geben Sie ihm einen zweiten zum Apportieren.
4. Diesen soll er nun auf den Gegenstand in Ihrer Hand legen. Seien Sie mit Ihrer Hand dabei anfangs etwas entgegenkommend und halten Sie sie so hin, dass Ihr Hund es möglichst einfach hat und der Gegenstand mühelos in den bereits in Ihrer Hand liegenden gleitet.
5. Von Mal zu Mal halten Sie Ihre Hand ruhiger und Ihr Vierbeiner muss sich mehr anstrengen. Trifft er nicht genau und der Gegenstand purzelt herunter, fordern Sie ihn auf, es noch mal zu probieren. Sollte es beim zweiten Mal wieder nicht klappen, fordern Sie ihn erneut auf, helfen diesmal aber etwas nach, damit er spätestens beim dritten Anlauf Erfolg hat = 👍.
6. Variieren Sie: Schwieriger wird es mit eckigen Gegenstände oder einem Stapelturm für Kleinkinder.
7. Lassen Sie Ihren Hund Gegenstände statt in Ihre Hand auf andere Gegenstände – zum Beispiel eine umgedrehte Schüssel – stapeln. Nach dem Prinzip der Kinderspiele: „Packesel“ oder „Jenga“, bei denen möglichst viele Hölzchen aufeinander gestapelt werden müssen und keines herunterfallen darf.

◂ **Phoebe stapelt Müslischalen.**

▶ Gar nicht so einfach – aber Mogli macht das toll!

Ich packe in mein Körbchen

Die Aufgabe:

Ihr Hund lernt, sein Spielzeug aufzuräumen und ein Körbchen zu tragen.

Für wen? *1 Mensch + 1 Hund*

Welche Hilfsmittel? *Korb, mehrere kleine Apportiergegenstände*

Voraussetzungen? *Apportieren (siehe Seite 28 f.)*

Ein Körbchen tragen

Üben Sie zunächst nur das Tragen des leeren Körbchens. Halten Sie Ihrem Hund dazu den Griff des Körbchens hin, wie bei der Übung „Meins oder deins?" auf Seite 28 f. Stellen Sie es dann vor sich und lassen es sich in die Hand geben. Danach stellen Sie es einen Meter entfernt auf den Boden und bitten Ihren Hund, es Ihnen zu bringen. Erst dann üben Sie das Tragen mit Gegenständen darin.

Schritt für Schritt:

1. Anfangs lassen Sie Ihren Hund einen der Gegenstände in Ihre Hand apportieren = .
2. Im nächsten Schritt nehmen Sie das Körbchen, in das Ihr Hund die Gegenstände legen soll, in eine Hand.
3. Halten Sie die andere Hand mit der Handfläche nach oben über die Öffnung des Körbchens und lassen Sie ihn den Gegenstand in Ihre Hand legen = .
4. Beim nächsten Mal ziehen Sie genau in dem Moment, in dem Ihr Hund den Gegenstand auf Ihre Hand legen will, diese ein Stückchen beiseite, sodass der Gegenstand in das Körbchen plumpst = .
5. Schon bald werden Sie ihm statt Ihrer Hand nur das Körbchen entgegenhalten müssen und er legt die Gegenstände dort hinein.
6. Es klappt nicht gleich? Vielleicht liegt es daran, dass Ihr Hund gerade erst apportieren gelernt hat und Ihnen den Gegenstand unbedingt in die Hand drücken möchte? Es kann auch sein, dass er sich vor dem Körbchen anfangs gruselt. Dann üben Sie zunächst die Übung „Versteck dich" (siehe Seite 62).
7. Nachdem er separat gelernt hat, auf Ihr Signal „Versteck dich" seine Nase in das Körbchen zu stecken, kombinieren Sie die beiden Übungen. Lassen Sie ihn einen Gegenstand apportieren und wenn er auf dem Weg zu Ihnen ist, halten Sie ihm das Körbchen entgegen, sagen „Versteck dich" und sobald er mit dem Gegenstand darin abtaucht, folgen „Aus" und .

▶ **So macht Aufräumen auch Ihren Kindern Spaß.**

Such & Bring *dreidimensional*

Die Aufgabe:

Einen Gegenstand mit Hilfe eines Seiles mit den Pfoten oder Zähnen heran- oder herunterziehen.

Für wen? *1 Mensch + 1 Hund*

Welche Hilfsmittel? *Apportiergegenstand, Ziehspielzeug, dünne Schnur*

Voraussetzungen? *Keine*

Mein Hund zergelt nicht und zieht daher auch nicht am Seil. Was tun?

Leinen Sie Ihren Hund als Vorübung mit einem Geschirr am Treppengeländer oder Heizungsrohr an. Legen Sie ein mit Futter gefülltes Mäppchen, das Ihr Hund unbedingt haben will, und das Seil in einem Bogen knapp vor ihn. So, dass er, wenn er anfängt, danach zu pföteln, nur das Seil erhaschen und damit den Beutel heranziehen kann.

Schritt für Schritt:

1. Diese Übung kann ein Apportier-, aber auch ein Denkspiel sein (siehe Kasten).
2. Üben Sie mit Ihrem Vierbeiner zunächst das Signal „Zieh".
3. Nehmen Sie dazu einen Gegenstand, mit dem Sie mit ihm ein Zergelspiel machen können.
4. Immer, wenn Ihr Hund den Gegenstand mit den Zähnen festhält und versucht, ihn von Ihnen wegzuziehen, benennen Sie dieses Verhalten mit „Zieh" und loben ihn mit Ihrer Stimme.
5. Immer wenn Sie an dem Gegenstand ziehen, sagen Sie nichts.
6. Wenn dies mit dem Ziehspielzeug gut klappt, versuchen Sie es auch mit immer dünneren Seilen.
7. Binden Sie jetzt eine lange dünne Schnur an ein Objekt, das Ihr Hund gerne haben möchte – zum Beispiel an sein Lieblingsspielzeug, ein mit Futter gefülltes Mäppchen oder einen Futterdummy.
8. Legen Sie dieses Objekt nun so hoch, dass Ihr Hund es nicht erreichen kann – nur die herunterhängende Schnur. Zum Beispiel auf einen Schrank, oben auf die geöffnete Tür oder die Gardinenstange. Es muss aber zum Temperament Ihres Hundes passen, denn er soll ja nicht Ihre Einrichtung demolieren.
9. Halten Sie ihm das Seil vor die Nase und fordern Sie ihn mit „Zieh" auf, daran zu ziehen.
10. Sobald es heruntergefallen ist, lassen Sie es sich bringen und belohnen ihn.
11. Schwieriger wird es, wenn er nicht weiß, wo Sie es versteckt haben und er das Objekt sowie das helfende Seil in Ihrer Wohnung erst suchen muss.

▲ Malouk lernt während des Zergelspiels ganz nebenbei das Signal „Zieh“.

▼ Mogli hat das Seil in der Wohnung gefunden. Nun muss er nur noch daran ziehen – und schon kommt die Belohnung geflogen.

Kinderspiele

mit Hund neu entdeckt

Babyspielzeug und viele Kinderspiele eignen sich auch prima zur Beschäftigung unserer Hunde. Sie fordern sie motorisch genauso wie die zweibeinigen Zwerge. Alles, was Kleinkinder mit den Händen greifen können, können Hunde auch gut ins Maul nehmen. Zudem sollte Babyspielzeug frei von ungesunden Weichmachern sein, Hundespielzeug leider nicht immer.

Sie müssen natürlich nicht alles neu kaufen. Gehen Sie mit offenen Augen über den Flohmarkt und Kindersachenbasare, durchstöbern Sie Speicher, Keller oder die Garage oder fragen Sie in Ihrem Freundeskreis nach ausgedientem Kinderspielzeug. Ihnen fallen damit bestimmt noch weitere lustige Spiele ein, die Sie mit Ihrem Hund kreativ neu entdecken können.

Ballfangbecher *Leckerli-Schleuder & Bring-Spiel*

Die Aufgabe:

Beliebtes Kinderspiel, von dem auch Ihr Hund begeistert sein wird!

Für wen? *1 Mensch + 1 Hund*

Welche Hilfsmittel? *Ballfangbecher*

Voraussetzungen? *Apportieren (siehe Seite 28 f.)*

Schritt für Schritt:

1. Testen Sie, ob Ihr Hund Angst vor dem Klick-Geräusch des „Auslösers" hat, indem Sie ihn zunächst hinter Ihrem Rücken betätigen.
2. Zeigen Sie ihm dann, wie Sie ein Leckerli in den Becher legen, und schießen Sie es in den Raum. Wahrscheinlich ist er anfangs etwas verdutzt, wird das Spiel aber schon bald lustig finden.
3. Zielen Sie nie direkt auf Ihren vierbeinigen Mitspieler. Am besten, er sitzt jedes Mal neben Ihnen.
4. Als Variante können Sie ihn einen Ball in den Becher apportieren lassen.
5. Je nach Temperament und Vorlieben Ihres Hundes bekommt er dann zur Belohnung ein Leckerli – oder Sie schießen den Ball gleich wieder weg, damit er ihn erneut apportieren kann.
6. Noch schwieriger werden beide Spielvarianten, wenn Ihr Ball- oder Leckerlijäger immer erst dann hinterherhechten darf, wenn das Objekt der Begierde schon geflogen, gelandet und ruhig liegen geblieben ist. Also immer erst, nachdem er brav neben Ihnen im „Sitz" oder „Platz" auf Ihr „Okay" wartete.

Variante für ganz Pfiffige!

Legen Sie ein Leckerli auf den Boden, das Ihr Hund auf Ihr „Bring" erst in den Becher legen muss. Natürlich bekommt er es dann zur Belohnung auch noch durchs Zimmer geschossen … und dann darf er es auch endlich vernaschen. Am besten üben Sie zunächst mit einem nicht allzu begehrten oder sehr großen Keks und belohnen dafür mit Wurst aus Ihrer Hand.

7. **Wichtig:** Lassen Sie Kinder damit nie alleine mit einem Hund spielen! Und der Ball sollte entweder so groß sein, dass Ihr Hund ihn erst gar nicht verschlucken kann, oder so klein, dass es nicht schlimm wäre, wenn es aus Versehen passieren sollte. Denn verschluckte zu große Plastikgegenstände können Darmverschluss hervorrufen. Meine Border Collies spielen sehr gerne mit sehr kleinen Flummis, die nur so groß wie kleine Murmeln sind, und haben noch nicht einen davon verschluckt.

▼ Auch vorsichtige Kinder haben großen Spaß an dem Spiel, da sie keinen Kontakt zum Hundemaul haben.

Entchen angeln *Köpfchen in das Wasser, ...*

Die Aufgabe:

Ihr Hund soll schwimmende Plastik- oder Gummitiere aus einer Wasserschüssel fischen.

Für wen? *1 Mensch + 1 Hund*

Welche Hilfsmittel? *Schwimmfähige Apportiergegenstände, Wasserschüssel*

Voraussetzungen? *Apportieren (siehe Seite 28 f.)*

Schritt für Schritt:

1. Lassen Sie Ihren Hund zunächst einen der Gegenstände ganz normal vom Boden aufheben und sich bringen und belohnen Sie ihn dafür.
2. Legen Sie den Gegenstand nun in die ein bis zwei Zentimeter hoch mit Wasser gefüllte Schüssel und fordern Ihren Hund erneut auf, Ihnen den Gegenstand zu bringen.
3. Klappt dies gut und Ihr Hund hat auch keine Berührungsängste mit dem feuchten Nass, können Sie mehr und mehr Wasser in die Schüssel gießen. Je höher der Wasserspiegel ist und je schwerer die Tierchen sind und somit tiefer im Wasser liegen, umso schwieriger wird es. Haben Sie schon mal versucht, einen Apfel nur mit Ihren Zähnen aus einer Wasserschüssel zu fischen?

Mögliche Varianten:

1. Nehmen Sie weitere Enten oder andere schwimmende Gegenstände hinzu.
2. Stellen Sie eine zweite Schüssel daneben und lassen Ihren Hund die Tierchen von der einen in die andere Schüssel setzen.
3. Beschriften Sie die Enten von unten wie beim Entchenangeln auf Jahrmärkten mit 1, 2 oder 3. Diese Punkte bedeuten, Ihr Hund bekommt zur Belohnung 1, 2 oder 3 Leckerchen – je nachdem, welche Ente er bringt. Ein Riesenspaß für Kinder.
4. Schreiben Sie unterschiedliche Tricks und Übungen auf die Enten, die Ihr Angler immer erst ausführen muss, bevor er eine Belohnung bekommt.
5. Verstecken Sie Futter zwischen den Enten, nach denen Ihr Hund suchen muss. Es gibt schwimmende Leckerlis und solche, die untergehen. Beginnen Sie auch hier mit ein bis zwei Zentimetern Wasser in der Schüssel. Manche Hunde machen lustige Blubberbläschen beim Tauchen.

▸ **Diese Entchen dürfen gejagt werden ...**

▼ **Köpfchen** aus dem Wasser, Entchen in die Höh'!

Buchstabensalat *Scrabble mit Hund*

Die Aufgabe:

Ihr Hund wählt mit einer oder beiden Pfoten mehrere Buchstaben aus, aus denen Sie Wörter bilden.

Für wen? *1 Mensch + 1 Hund oder mehrere Menschen / Kinder und Hunde*

Welche Hilfsmittel? *Buchstaben-Puzzleteile oder mehrere Zettel mit Buchstaben darauf*

Voraussetzungen? *Apportieren (siehe Seite 28 f.) oder Pfötchen geben (siehe Seite 50)*

Scrabble für zarte und smarte Apportierer

Mit Hunden, die Gegenstände sehr vorsichtig ins Maul nehmen, können Sie auch gleich loslegen mit Scrabble – ohne vorher „Touch" zu üben. Statt sich draufzustellen, fordern Sie die Hunde nun reihum auf, Ihnen jeweils einen Buchstaben zu bringen, bis jeder Mitspieler eine zuvor bestimmte Anzahl hat. Wer daraus das längste Wort bilden kann, hat gewonnen.

Schritt für Schritt:

1. Legen Sie einen der Buchstaben auf Ihre offene Handfläche und fragen Sie das Pfötchengeben ab. Sobald Ihr Hund den Buchstaben mit der Pfote berührt = . Das neue Signal dafür, das Sie ab jetzt dazu sagen, ist „Touch" oder „Target". Denn „Pfötchen" soll weiterhin das Berühren der Hand mit der Pfote bedeuten.
2. Halten Sie den Buchstaben dann auch mal nur mit zwei Fingern vor ihn hin. Sobald er ihn mit der Pfote berührt = .
3. Legen Sie den Buchstaben nun knapp vor oder neben Ihren Hund auf den Boden und sagen Sie auffordernd „Touch". Ihre Hände nehmen Sie währenddessen am besten auf den Rücken, damit er die beiden Übungen nicht verwechselt und Ihre Hände sucht. Schauen Sie dabei nicht in die Augen Ihres Hundes, sondern auf den Gegenstand am Boden. Sobald er ihn mit der Pfote berührt = . Klappt es nicht, gehen Sie einen Trainingsschritt zurück und nehmen den Gegenstand noch mal in die Hand.
4. Sobald Ihr Hund mit Freude auch zu weiter entfernt liegenden Buchstaben läuft und sie kurz berührt = . Sollte er danach direkt zu Ihnen kommen wollen, um seine Belohnung abzuholen, führen Sie ihn mit dem versprochenen Leckerchen vor der Nase erst zurück auf den Buchstaben, bis er mit mindestens einer Pfote ruhig darauf steht und lassen das Leckerli dann erst los.
5. Noch während er kaut, geben Sie gleich nochmal und wiederholen das Wort „Touch". So versteht er mit der Zeit, dass er wenn Sie ihn später mit „Touch" in ein Feld mit mehreren Buchstaben geschickt haben, auf einem Buchstaben (Target) ruhig stehen bleiben und dort warten soll, bis und die Belohnung kommt.

▸ „Ich nehme ein U!“

Ringelpietz *Ringwurfspiel und Ringepyramide*

Die Aufgabe:

Ihr Hund darf Ringe apportieren und auf ein Ringwurfspiel legen.

Für wen? *1 Mensch + 1 Hund*

Welche Hilfsmittel? *Ringwurfspiel, Ringepyramide, alternativ Tauchringe und Holzstab*

Voraussetzungen? *Apportieren (siehe Seite 28 f.)*

Variante für Tüftler

Es eignen sich auch Ringepyramiden für Babys und Kleinkinder. Je nach Bauart der Pyramide werden die Ringe und ihr Innendurchmesser immer kleiner und das Spiel schwieriger. Geben Sie Ihrem Hund den jeweils nächsten passenden Ring. Ihr Vierbeiner muss nun sehr geschickt sein, damit es klappt. Erst recht, wenn die Ringe bauartbedingt exakt waagerecht aufgelegt werden müssen.

Schritt für Schritt:

1. Nehmen Sie einen einzelnen Stab des Spiels in Ihre Hand und fordern Sie Ihren Hund zum Apportieren eines Ringes auf. Wenn er damit zu Ihnen kommt, fädeln Sie den Stab mit einer geschickten Handbewegung durch den Ring und sagen „Aus". Sobald der Ring an Ihrem Handgelenk baumelt = 👍. Benennen Sie die Übung zum Beispiel mit „Auflegen".
2. Nach einigen Wiederholungen stecken Sie den Stab in das eine Ende der beiden Hälften des Spiels und halten diese mit der Hand in der Nähe des Stabes fest. Zunächst wird Ihr Hund die Nähe Ihrer Hand suchen und den Ring dort ablegen wollen.
3. Leichter fällt es ihm, wenn Sie das Spiel anfangs vor sich halten, später dann wie einen verlängerten Arm seitlich von Ihnen weg. Immer wenn Ihr Hund den Stab trifft = 👍.
4. Sollte der Ring zu Boden fallen, fordern Sie ihn mit „Bring" und „Auflegen" auf, es nochmal zu probieren – helfen Sie ihm beim 2. oder 3. Versuch ruhig ein wenig durch Entgegenkommen mit dem Stab. Sobald der Ring hängenbleibt = 👍.
5. Bauen Sie das Spiel ganz zu einem Kreuz zusammen und knien Sie sich damit auf den Boden. Lassen Sie Ihren Ringejongleur erneut apportieren, schauen Sie ihm nicht in die Augen, sondern auf das Spiel vor Ihnen. Helfen Sie immer weniger.
6. Stellen Sie das Spiel nun auf den Boden und immer weiter weg von Ihnen. Deuten Sie in die Richtung des Spiels oder halten Ihre Hand kurz in die Nähe eines Stabes. Sagen Sie „Auflegen" und „Aus" und ziehen Ihre Hand geschickt zur Seite, sodass der Ring möglichst über den Stab rutscht.

▼ Mogli versucht, den Ring möglichst dicht zur Hand zu bringen.

Fußball spielen *Schieß ein „TOR“!*

Die Aufgabe:

Treibball fürs Wohnzimmer – Ihr Hund schubst einen Ball mit der Nase in ein Tor.

Für wen? *1 Mensch + 1 Hund*

Welche Hilfsmittel? *1 Ball und 1 Tor oder Ziel*

Voraussetzungen? *Keine*

▲ **Stups. „Mach’ ich das so richtig?“**

Schritt für Schritt:

1. Halten Sie Ihrem Hund einen Ball vor die Nase – dies kann ein Kinderfußball oder ein kleiner Gymnastikball sein. Es sollte ein Ball sein, mit dem er bisher noch nicht apportiert hat. Denn dann würde er Ihnen vermutlich anbieten, den Ball ins Maul zu nehmen. Wählen Sie gegebenenfalls einen größeren aus.
2. Das erste Interesse, und wenn es nur der Blick in Richtung Ball und noch gar kein Berühren ist, bestätigen Sie = .
3. Nun verlangen Sie von Mal zu Mal etwas mehr Aktivität von Ihrem Hund und bestätigen jegliches Verhalten in die richtige Richtung jeweils mit = . Dazu zählen Annähern, Beschnuppern, Anstupsen und immer festeres Stupsen. Dies benennen Sie jedes Mal mit dem neuen Signal „Stups“.
4. Klappt dies immer zuverlässiger und auf Ihr Signal hin, so legen Sie den Ball nun vor Ihren Hund auf den Boden. Für jedes Anstupsen folgt wieder = .
5. Bei einer der nächsten Übungseinheiten bestätigen Sie nicht sofort nach dem ersten Stupsen, sondern warten einen Moment, schauen dabei den Ball an und fordern Ihren Hund erneut mit „Stups“ auf, den Ball ein zweites Mal zu berühren. Dann erst folgt = .
6. Bestätigen Sie Ihren Hund jetzt unregelmäßig, mal nach zweimal, mal nach dreimal stupsen in Folge oder nach einem besonders festen Anstupsen.
7. Legen Sie den Ball nun knapp vor ein Tor oder ein anderes für ihn gut sichtbares Ziel. Sobald er den Ball dort hineinschubst, freuen Sie sich riesig und jubeln „TOR“! Und geben Ihm natürlich eine besonders gute Belohnung. Vergrößern Sie langsam die Distanz.

Was tun, wenn’s nicht gleich klappt?

Ihr Hund hat so gar keine Idee und stupst den Ball einfach nicht an? Dann legen Sie den Ball auf eine kleine Futterschüssel, in die Sie vor seinen Augen ein Leckerchen gelegt haben, und den Ball oben drauf.

▲ **Lucrecia** rollt einen leeren Futterball ins TOOOR!!!

Allerlei Trickreiches

In diesem Kapitel dreht sich alles um wohnzimmertaugliche Tricks. Dazu zählen beliebte Klassiker und Varianten, einfache und lustige, aber auch ein paar schwierigere Tricks, die Sie ein Weilchen üben müssen. Für die meisten brauchen Sie keinerlei Requisiten – nur Ihren Hund, ein paar Leckerlis und gute Laune. Wozu das alles gut sein soll, fragen Sie sich? Ihrem Hund ist es herzlich egal, ob Sie ihm das obligatorische Sitz, Platz und Komm oder Pfötchen geben und die Rolle beibringen. Für ihn macht das keinen Unterschied. Aber für uns! Beim Üben von Tricks sind wir meist wesentlich entspannter und lachen auch mal, wenn etwas nicht auf Anhieb klappt. So lernt Ihr Hund viel schneller und mit Freude – Sie werden sehen! Üben Sie Sitz und Platz ruhig auch mal so, als wäre es „nur“ ein Trick!

Guten Tag! *Pfötchen geben*

Die Aufgabe:

Der Klassiker unter den Tricks, der auch Nichthundebesitzern immer wieder Freude macht.

Für wen? 1 Mensch + 1 Hund

Welche Hilfsmittel? Keine

Voraussetzungen? Keine

Ihr Hund will seine Pfoten einfach nicht anheben?

Krabbeln Sie ihn an der hinteren Seite seiner Pfote, kitzeln Sie ihn an den Zehen oder dazwischen oder schieben Sie einen Finger seitlich unter seine Ballen. Sie können auch Ihre Hand von oben auf seine Zehen legen und diese leicht zu Boden drücken. Es wird etwas geben, was ihm unangenehm ist, sodass er seine Pfote von sich aus vom Boden abhebt.

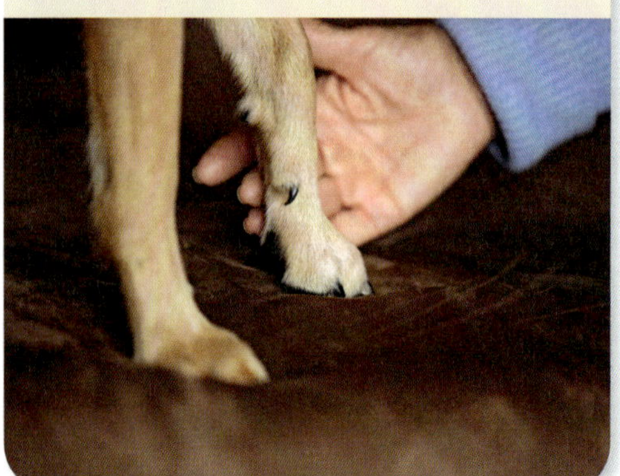

Schritt für Schritt:

1. Knien Sie sich vor Ihren sitzenden Hund. Legen Sie die Belohnungen hinter oder neben sich auf einen Tisch, damit Sie leere Hände haben. Greifen Sie erst nach Ihrem danach.
2. Streichen Sie Ihrem Vierbeiner mit den Fingern an seinem Bein entlang. Oft sind Hunde kitzelig und ziehen ihre Pfote daher kurz weg.
3. In dem Moment, in dem Ihr Vierbeiner seine Pfote kurz vom Boden abhebt: .
4. Beim nächsten Mal versuchen Sie durch geschicktes Drehen Ihrer Hand mit der offenen Handfläche eine Sekunde lang von unten Kontakt zu seinen Pfotenballen zu halten = .
5. Wiederholen Sie das Ganze mehrfach mit dem Ziel, jedes Mal ein bisschen länger den Kontakt zu halten, indem Sie seiner Pfotenbewegung folgen.
6. Versuchen Sie ihm nach das Leckerli möglichst zu geben, während die Pfote noch auf Ihrer Hand ruht, halten Sie sie aber nicht fest.
7. Sobald Ihr Hund sein Leckerli hat und kaut, wird er die Pfote ruhiger halten.
8. Schon bald wird er sie immer länger und gerne auf ihrer Hand liegen lassen und auf warten. Beginnen Sie beiläufig immer wieder, Ihr neues Signal für das Pfote geben zu sagen.
9. Halten Sie Ihre Hand nun nur noch in die Nähe seiner Pfote und sagen Sie Ihr Signal. Warten Sie einen Moment, ob er selbst schon auf die richtige Idee kommt. Wenn nötig, helfen Sie ihm kurz auf die Sprünge und tippen mit dem Finger leicht an sein Beinchen.
10. Es wird nicht lange dauern, bis er sein Pfötchen von alleine hebt, sobald sich Ihre Hand nur nähert.
11. Legt er sie das erste Mal aktiv in Ihre Hand? Bingo!

▸ „Guten Tag! Bekomme ich jetzt einen Keks?“

Gib mir Fünf und Winken ... uuuuund Tschüss

Die Aufgabe:

Die Pfote höher heben als beim Pfote geben und in Ihre Hand zum „Gib mir Fünf“ einschlagen und Winken oder Tschüss sagen.

Für wen? *1 Mensch + 1 Hund*

Welche Hilfsmittel? *Keine*

Voraussetzungen? *Pfote geben (siehe Seite 50)*

▲ „Das haben wir toll gemacht. Gib mir Fünf!“

Schritt für Schritt:

Bisher gibt Ihr Hund „Pfote“, wenn Ihre Handfläche mit den Fingerspitzen nach unten zu ihm zeigt. Bei „Gib mir Fünf“ soll er Ihre Hand auch dann mit seiner Pfote berühren, wenn Sie sie ihm mit den Fingerspitzen nach oben hinhalten. Diese Geste bedeutet bei vielen jedoch „Stopp“, „Warte“ oder „Bleib“. Daher wird Ihr Vierbeiner dies vermutlich nicht auf Anhieb tun – auch wenn Sie das inzwischen gelernte Signal „Pfote“ zu ihm sagen. Mit einem kleinen Trick lernt er es dennoch ganz schnell.

1. Stellen Sie sich das Ziffernblatt einer Uhr vor. Zu Beginn zeigen die Fingerspitzen, wenn Sie „Pfote“ sagen, wie bisher nach unten auf sechs Uhr.
2. Beim nächsten Mal, wenn Sie Ihre Hand hinhalten, drehen Sie sie leicht, sodass die Fingerspitzen nun auf fünf Uhr zeigen, dann auf vier Uhr, drei Uhr usw.
3. Sobald dies auch klappt, wenn Ihre Fingerspitzen nach oben zeigen, beginnen Sie, Ihr neues Signal dazu zu sagen, zum Beispiel „Gib mir Fünf“.
4. Markieren Sie mit 👍 immer genau den Moment, in dem die Pfote dort oben Ihre Hand trifft. So wird er das Hand- und Wortsignal schon bald verknüpfen.
5. Sobald Ihr Hund „Gib mir Fünf“ sicher kann, können Sie daraus einen weiteren Trick formen: das Winken. Dabei soll Ihr Hund lernen, auf eine passende Handgeste wie Öffnen und Schließen Ihrer Finger, Hin- und Herbewegen Ihrer Hand oder das Wort-Signal „Winke-winke“ mit einer Pfote in der Luft zu rudern.

▶ **Netter Hund.** Mogli verabschiedet sich immer ganz höflich ...

„Winke-winke!“

Ziehen Sie Ihre Hand nun kurz bevor Ihr Hund sie mit der Pfote oben treffen kann, kurz zurück und halten sie dann gleich wieder hin, sodass er erst ins Leere greift und dann nochmal nachrudert = 👍. Dabei ist punktgenaues Timing sehr wichtig, damit er möglichst schnell begreift, dass es nun ums in der Luft rudern und nicht mehr um das Treffen Ihrer Hand geht.

High Ten *Doppelt abgeklatscht*

Die Aufgabe:

Beim Trick „High Ten" steht Ihr Hund auf den Hinterpfoten und klatscht mit beiden Vorderpfoten Ihre Hände ab.

Für wen? *1 Mensch + 1 Hund*

Welche Hilfsmittel? *Keine*

Voraussetzungen? *Gib mir Fünf (siehe Seite 52)*

Tipps & Tricks

Mit dem Clicker zu arbeiten ist hier eher schwierig, da Sie für die Übung ja beide Hände benötigen. Sie können jedoch einen Button-Clicker verwenden, den Sie mit den Zähnen betätigen oder unter einen Fuß legen können, um zu klicken. Oder Sie benutzen ein Klickwort. Eine weitere Alternative wäre, einen Helfer zu bitten, im richtigen Moment für Sie zu klicken.

Schritt für Schritt:

1. Beginnen Sie wiederum mit dem Trick „Gib mir Fünf", nur dass Sie diesmal immer länger hinauszögern. Dadurch bestätigen und belohnen Sie Ihren Hund für immer längeres mit der Pfote an der Hand Bleiben.
2. Zieht Ihr Vierbeiner seine Pfote zu früh zurück, sagen Sie traurig „Schade" – und fordern ihn auf, es nochmals zu versuchen. Bestätigen und belohnen Sie ihn beim nächsten Mal etwas früher.
3. Nun muss Ihr Hund lernen, auch dann mit der Pfote an der Hand „kleben" zu bleiben, wenn Sie diese nach rechts, links, unten oder oben bewegen oder Druck dagegen ausüben. nicht vergessen!
4. Wenn Sie Ihre Hand immer weiter nach oben bewegen können und Ihr Pfotenkünstler dranbleibt, wird er irgendwann mit der zweiten Pfote den Bodenkontakt verlieren. Diesen Moment nutzen Sie, um geschickt Ihre zweite Hand unter diese Pfote zu halten und ihm damit eine Möglichkeit zu geben, sich abzustützen, was er dankend annehmen wird. Auch hier wieder nicht vergessen.
5. Lässt er sich nicht hochdrücken, tippen Sie mit der zweiten Hand das untere Bein kurz an und sagen auffordernd „Pfote". Halten Sie die zweite Hand dann daneben und immer etwas höher, bis er von selbst mit beiden Pfoten Ihre Hände sucht, sobald Sie beide auf gleiche Höhe vor ihn halten.
6. Das neue Signal für diesen Trick könnte „High Ten" heißen. Oder Sie klatschen zuvor jedes Mal in Ihre Hände, bevor er abklatscht.
7. Richten Sie sich mehr und mehr auf, bis Sie – je nach Hundegröße – vor Ihrem Hund stehen können und er auf die Hinterpfoten hochgeht, um Ihre Hände treffen zu können.

▸ „Wer ist größer: Du oder ich?“

Aller guten Dinge sind drei Rolle & Co.

Die Aufgabe:

Ihr Hund lernt, sich über die Seite zu rollen. Auf dem Weg dahin lernt er gleich noch zwei weitere Tricks ...

Für wen? *1 Mensch + 1 Hund*

Welche Hilfsmittel? *Keine*

Voraussetzungen? *Pfote geben (siehe Seite 50)*

Vielleicht haben Sie schon mal versucht, Ihrem Hund die Rolle durch Futterlocken beizubringen? Die meisten Hunde werden dabei hektisch und versuchen nur, irgendwie das Leckerchen zu erhaschen. Und fehlt die lockende Hand, rollen sie sich wieder nicht.

Auf die hier beschriebene Art und Weise lernt Ihr Hund Körpergefühl zu entwickeln, sich langsam und bewusst zu rollen, und zwar ohne sich im Rücken zu verdrehen. Das Beste: Auf dem Weg dahin können Sie gleich noch zwei weitere goldige Tricks einstudieren: „leg dich schlafen“ und „Hands up“. Denn wenn Ihr Hund die „Rolle“ erstmal kann, wird es schwieriger, ihm beizubringen, dass er nach einer Viertel- beziehungsweise halben Drehung nochmal stoppen soll.

▲ **Belohnen Sie immer nur dann, wenn der Kopf Ihres Hundes dabei am Boden liegt.**

Schritt für Schritt: „Schlafen“

1. Setzen Sie sich zu Ihrem Hund auf den Boden – am besten, wenn er bereits etwas müde ist und sowieso liegen möchte.
2. Sollte er im klassischen „Platz“ liegen, so streicheln Sie ihn an der Seite und unten am Bäuchlein, bis er sich entspannt auf die Seite rollt.
3. Streicheln Sie weiter, geben anfangs aber noch kein Leckerchen! Sonst wird er vermutlich gleich wieder aufspringen wollen. Sagen Sie einfach nur sehr ruhig ein Lobwort und Ihr neues Signal „Schlafen“.
4. Greifen Sie dann ganz ruhig nach einem Leckerchen. Hebt er dabei den Kopf, sagen Sie erneut „Schlafen“. Legt er ihn noch nicht selbst wieder ab, führen Sie seinen Kopf mit dem Leckerchen vor der Nase wieder runter zum Boden und geben es ihm erst dann. Schon bald wird er verstanden haben.

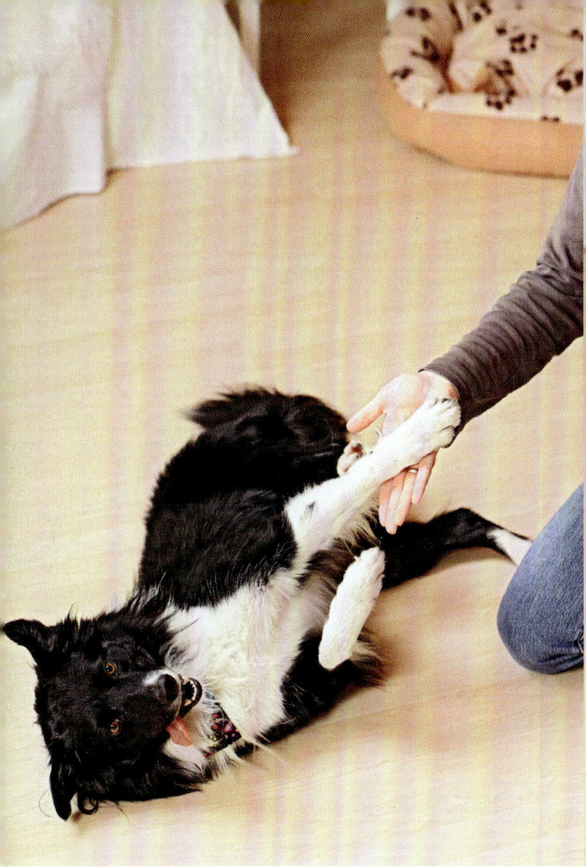

▲ **Pfote geben** im Liegen.

▲ **„Hands up"** – und zur Rolle fehlt nur noch ein kleines Stück.

Schritt für Schritt: „Hands up"

1. Legt Ihr Hund sich auf Ihr Signal „Schlafen" inzwischen alleine wie gewünscht auf die Seite und bleibt ruhig liegen, fordern Sie ihn im Liegen auf, Ihnen die Pfote zu geben.
2. Wo rudert er mit der Pfote in der Luft? Halten Sie Ihre Hand dort ganz in die Nähe, sodass er treffen kann. Denn es ist gar nicht so leicht für ihn, das im Liegen zu koordinieren.
3. Halten Sie Ihre Hand nun jedes Mal ein paar Zentimeter höher. Immer wenn er trifft = , bis er ganz auf dem Rücken liegt, Ihre über ihn gehaltene Hand berührt und gelernt hat, sich auszubalancieren. Als Wortsignal sagen Sie dazu „Hands up".
4. Dann halten Sie Ihre Hand noch etwas höher, bis er nicht mehr drankommen kann. Bestätigen Sie ihn, wenn er seine Pfoten nach oben reckt und ganz ruhig so liegen bleibt.

Schritt für Schritt: die „Rolle"

1. Bis zur Rolle fehlt jetzt nur noch ein kleines Stück. Wichtig ist, dass Sie, falls Ihr Hund zuvor beim Üben von „Hands up" mal das Gleichgewicht verloren und die Rolle schon vollendet hat, dies noch nicht belohnt haben. Sonst kommt er beim Lernen von „Hands up" durcheinander.
2. Sobald das Signal für „Hands up" nach einigen Tagen verinnerlicht ist, lassen Sie Ihren Hund sich noch mal „schlafen" legen. Fordern Sie ihn dann erneut mit Ihrer Handbewegung zum „Hands up" auf. Machen Sie diesmal aber eine etwas schwungvollere Bewegung, sodass er über den Scheitelpunkt hinwegrollt und mit den Pfoten auf der anderen Seite landet.
3. Und da ist sie schon: die Rolle! Belohnen Sie ihn freudig und sagen Sie beim weiteren Üben immer wieder das neue Signal: „Rolle".

Hüh-Hüpf! *Der Sprung durch die Arme*

Die Aufgabe:

Ihr Hund lernt, durch Ihre Arme hindurchzuspringen, sobald Sie sie zu einem Kreis formen und „Hopp“ sagen.

Für wen? *2 Menschen + 1 Hund*

Welche Hilfsmittel? *Keine*

Voraussetzungen? *Keine*

Tipps & Tricks

Ihr Hund schummelt sich an den Armen vorbei? Bitten Sie Ihre Hilfsperson, sich mit einem Bein ganz dicht an Ihren Armkreis zu stellen. Sie können den freien Raum unter Ihren Armen auch mit einem Handtuch oder einer Decke zuhängen und den Armkreis so anfangs auch etwas vergrößern. Nun kann Ihr Springfloh gar nicht mehr anders, als durch die Arme zu hüpfen.

Schritt für Schritt:

1. Am schönsten sieht es aus, wenn Ihr Hund von hinten durch die Arme springt und sie beide in die gleiche Richtung schauen.
2. Waschen Sie sich Ihre Hände, damit sie nicht nach Futter riechen und Ihr Hund nicht daran schnüffelt. Belohnungen bekommt er anfangs nur von Ihrer Hilfsperson.
3. Stellen oder knien Sie sich in Position und bitten Sie Ihren Helfer, Ihren Hund mit einem Leckerchen durch Ihre Arme zu locken. Er muss noch nicht springen – durchklettern gilt auch.
4. Sobald alle vier Pfoten den Armkreis passiert haben, führt der Helfer Ihren Hund mit dem Leckerchen vor der Nase in einem Bogen zurück an die Ausgangsposition und lässt es erst dort los. So steht Ihr Hund gleich wieder an der richtigen Stelle zum Weitermachen.
5. Geben Sie ihm sein Sichtzeichen für „Sitz“ und stellen sich dann wieder mit Ihren zum Kreis geformten Armen genau vor ihn und sagen „Hopp“. Daraufhin hilft Ihr Helfer wieder. Er soll gleich ausprobieren, ob Ihr Hund seiner Handgeste auch schon folgt und durch den Arm springt, wenn offensichtlich kein Leckerchen mehr in der Hand ist. So nimmt er bewusst den Armkreis wahr und springt bald aus freien Stücken, anstatt nur dem Leckerchen hinterherzuhechten.
6. Die Belohnung hat Ihr Helfer ab jetzt zunächst in der anderen Hand, greift dann geschickt um und lockt Ihren Hund nach erfolgtem Sprung damit zurück in die Ausgangsposition.
7. Von Mal zu Mal wartet Ihr Helfer nach Ihrem „Hopp“ etwas länger und macht immer kleinere Gesten mit seiner Hand, bis Ihr Hund schon auf Ihr Signal hin von alleine durch den Armkreis springt.

▲ **Milo** schleckt an der Leberwursttube und wird damit geschickt an die Startposition zurückgeführt.

▶ Perfekt!

Füße *Mittendrin statt nur dabei!*

Die Aufgabe:

Ihr Vierbeiner soll zwischen den Beinen und auf den Füßen des Menschen mitlaufen.

Für wen? *1 Mensch + 1 Hund*

Welche Hilfsmittel? *Keine*

Voraussetzungen? *Keine*

▲ **Perle wird gaaanz langsam in Zeitlupe vor und zurück gelockt.**

Schritt für Schritt:

1. Locken Sie Ihren Hund mit einem Leckerchen von hinten zwischen Ihre Beine: .
2. Mit einem weiteren Leckerchen vor seiner Nase locken Sie ihn dann in Zeitlupe gaaanz langsam in einem engen Bogen um Ihr Bein. Bei kleineren Hunden können Sie Ihre Fußspitzen vorne nach innen drehen und ihn langsam nach vorne locken.
3. Manche Hunde stehen dabei gleich zufällig mit einer Pfote auf Ihrem Fuß: .
4. Sollten Sie ihn zu weit gelockt haben oder er die Pfoten über Ihren Fuß hinweg gesetzt haben, so führen Sie Ihre Hand zurück in Richtung Ihres Bauchnabels über seinem Kopf gaaanz langsam nach oben. Er wird sich recken und strecken und so jetzt eventuell auf Ihrem Fuß landen: .
5. Sollte er nach vorne weglaufen, sagen Sie „Schade" und beginnen von Neuem.
6. Die eine Seite nennen Sie anfangs „Fü", die andere „ße". Versuchen Sie auch mal, beide Pfoten nacheinander auf Ihre beiden Füße zu bekommen. Helfen Sie ihm, indem Sie Ihre Füße dichter oder geschickt so neben oder hinter seine Pfoten setzen, dass er leichter trifft.
7. Nun muss er von Mal zu Mal länger auf warten. Das Leckerchen halten Sie auf Höhe Ihres Bauchnabels auf der offenen Handfläche über ihn, später ist die Hand leer. Reichen Sie ihm das Futter immer mit der anderen Hand, die ansonsten hinter Ihrem Rücken ruht – denn Futter vor der Nase lenkt ab.
8. So wird er aus der Mitte-Position, wenn Sie „Fü – ße" sagen, schon bald von alleine auf Ihre Füße aufsteigen.

▶ **Das klappt ja schon prima! Nun kann Helga anfangen, kleine Schritte zu gehen, bis es so aussieht wie auf Seite 49.**

Versteck dich *Wie macht der Vogel Strauß?*

Die Aufgabe:

Auf das Signal „Versteck dich“ steckt Ihr Hund seine Nase in ein Behältnis und verweilt da kurz.

Für wen? *1 Mensch + 1 Hund*

Welche Hilfsmittel? *Körbchen, Kegel o.Ä.*

Voraussetzungen? *Keine*

Schritt für Schritt:

1. Lassen Sie vor den Augen Ihres Hundes ein Leckerli in einen geeigneten Gegenstand plumpsen.
2. Halten Sie ihm das Behältnis hin. Wenn er mit der Nase darin abtaucht, um an das Leckerchen zu kommen, markieren Sie das Verhalten in genau diesem Moment mit und sagen zudem Ihr zukünftiges Signal – zum Beispiel „Versteck dich“.
3. Lassen Sie ihn im Sitzen warten, während Sie wieder ein Leckerchen im Behältnis verstecken. Fordern Sie ihn dann mit „Versteck dich“ auf, es sich zu holen. Immer in dem Moment, in dem die Nase darin verschwindet: . Nach dem Abtauchen gibt es noch ein Leckerchen aus Ihrer Hand.
4. Die nächsten Male tun Sie nur so, als hätten Sie etwas versteckt, geben Ihr Signal und sobald die Nase abtaucht: . Ab jetzt gibt es Leckerchen nur noch im Anschluss aus Ihrer Hand.
5. Bestätigen Sie ihn nun mal nicht gleich nach dem ersten Abtauchen, sondern fordern ihn mit „Versteck dich“ auf, die Nase noch einmal in das Behältnis zu stecken. Erst dann folgt .

Wichtig!

Wenn Ihre Kinder mit Ihrem Hund „Versteck dich“ üben, dann achten Sie darauf, dass sie dies nur mit Gegenständen machen, in denen der Kopf Ihres Hundes nicht steckenbleiben kann. Es sollten zudem Materialien sein, die nicht luftdicht sind, damit er auch darin atmen kann. Ansonsten bohren Sie in die Spitze des Behältnisses sicherheitshalber ein Loch.

6. Bei den weiteren Übungssequenzen bestätigen Sie ihn immer dann, wenn die Nase ein bisschen länger drin war als zuvor. So hält er die Position mit der Zeit immer länger.
7. **Variante:** Wenn Sie das Behältnis nun noch unter eine sandfarbene Decke stecken und Ihren Hund statt „Versteck dich“ als Signal fragen: „Wie macht der Vogel Strauß?“, haben Sie eine neue lustige Variante, mit der Sie Ihre Zuschauer sicher zum Lachen bringen.

▸ **Eins,** zwei, drei, vier, Eckstein.
Die Nase muss versteckt sein …

Skateboard fahren *Gassi gehen war gestern ...*

Für wen? *1 Mensch + 1 Hund*

Welche Hilfsmittel? *Skateboard*

Voraussetzungen? *Pfote geben (siehe Seite 50)*

Die Aufgabe:

Ihr Hund soll lernen, sich auf ein Skateboard zu stellen und damit zu fahren. Wenn man das Skateboard einfach vor den Hund stellt und ihn auffordert, es mit den Pfoten zu berühren, beginnt er meist zu pföteln und das Skateboard damit nach hinten wegzuziehen, statt nach vorne zu stoßen.
Mit einem kleinen Trick lassen Sie es erst gar nicht so weit kommen. Fragen Sie zu Beginn klassisch das Pfötchengeben ab: 👍. Legen Sie sich dann das Skateboard auf Ihren Unterarm und halten Ihre andere Hand auf das Board. Fragen Sie so erneut das Pfötchengeben ab. Wenn Ihr Hund seine Pfote nun auf Ihre auf dem Board ruhende Hand legt: 👍.
Beim nächsten Mal ziehen Sie Ihre Hand, kurz bevor die Pfote Ihre Hand berührt, geschickt zurück, sodass er nun stattdessen das Skateboard trifft: 👍.
Benennen Sie den Moment des Berührens des Bretts mit der Pfote mit einem neuen Signal, zum Beispiel „Skaten“. Denn wenn Sie weiter „Pfote“ sagen, verwirrt das Ihren Hund im weiteren Verlauf, da „Pfote“ für ihn bisher das Berühren Ihrer Hände hieß – und das soll ja auch so bleiben.

Schritt für Schritt:

1. Halten Sie Ihrem Rennfahrer in spe nun das Skateboard wieder entgegen und sagen Ihr neues Signal „Skaten“. Hebt er sofort die Pfote und patscht auf das Brett: 👍. Ansonsten helfen Sie nochmal mit einer kleinen Geste Ihrer Hand. Nach einigen Wiederholungen wird er auf Ihr Signal „Skaten“ sogleich das Skateboard mit der Pfote berühren.
2. Stellen Sie das Spielgerät nun vor ihn auf den Boden und sagen erneut Ihr Signal.
3. Berührt er es auch dort mit der Pfote: 👍.
4. Achten Sie aber darauf, dass Sie ihn nie bestätigen, wenn er es dabei zu sich herangezogen hat. Er muss es zum Fahren nach vorne von sich wegschieben. Das passiert meist automatisch, wenn Ihr Hund aus der Bewegung heraus eine Pfote auf das Skateboard setzt.
5. Lassen Sie Ihren Hund daher im nächsten Schritt in ein bis zwei Metern Abstand sitzen und warten, klatschen Sie mit Ihrer Hand vor seinen Augen kurz auf die Trittfläche des Skateboards und stellen es dann wieder auf den Boden.
6. Gehen Sie zu ihm und stellen sich neben ihn.
7. Nehmen Sie Ihre Hände auf Ihren Rücken, damit ihn diese nicht vom Skateboard ablenken.
8. Schauen Sie nicht ihn an, sondern nach vorne auf das Skateboard. Gehen Sie langsam mit ihm los in Richtung Skateboard und sagen, kurz bevor er es erreicht, auffordernd „Skaten“. Sobald er es berührt und es die ersten Zentimeter vorwärtsrollt, loben Sie ihn genau in dem Moment, in dem er kurz fährt: 👍.
9. Zögern Sie 👍 nun immer länger hinaus, sodass er auch mal erneut auf das Skateboard steigt und es immer weiter schiebt.

▼ „Und wenn ich groß bin, werde ich Rennfahrer!“

Back up Der Handstand

Die Aufgabe:

Ihr Hund lernt, bewusst mit den Hinterpfoten rückwärts auf Gegenstände zu steigen.

Für wen? *1 Mensch + 1 Hund*

Welche Hilfsmittel? *Dicke Bücher, Bretter, stabile Kiste*

Voraussetzungen? *Keine*

▲ **Bis der Handstand an einer Wand so toll klappt, musste Merlin fleißig üben.**

Schritt für Schritt:

1. Legen Sie ein langes Brett oder größeres Buch auf den Boden.
2. Führen Sie Ihren Hund mit einer Handgeste oder einem Leckerli vorwärts über das Hindernis. Sobald er mit den Vorderpfoten wieder am Boden und mit den Hinterpfoten noch oben steht, stoppen Sie ihn: .
3. Führen Sie ihn erneut hinauf, und wenn er wieder nur mit den Hinterpfoten oben steht, sagen Sie Ihr neues Signal – zum Beispiel „Back up". Wiederholen Sie Ihr Signal und dabei mehrfach.
4. Animieren Sie ihn, ein paar Zentimeter nach vorne zu gehen, um zum Beispiel Ihre Hand kurz mit der Nase zu berühren, sodass die Hinterpfoten kurz vor dem Hindernis unten zum Halten kommen. **Wichtig:** Locken Sie ihn möglichst nicht mit einem Leckerchen nach unten. Belohnungen gibt es nur, wenn er mit den Hinterpfoten oben steht.
5. Sagen Sie „Back up" und warten kurz, ob er bereits versucht, rückwärts wieder hochzugehen: . Wenn nicht, führen Sie ihn in einem Bogen erneut von hinten heran und , wenn er richtig steht.
6. Reagiert er zuverlässig auf „Back up", so erhöhen Sie von Tag zu Tag die Gegenstände, auf die er steigen soll. Es kann eine Weile dauern, bis er seine Hinterpfoten koordiniert bekommt und ohne Hilfe rückwärts turnt. Viele Hunde haben anfangs keinerlei Gefühl für ihre Hinterhand.
7. Mit der Zeit klappt es dann auch an der Sofakante, einer breiten Kiste oder einem Stuhl vor der Wand. Helfen Sie ihm mit einer Handgeste, sich zu Beginn immer im rechten Winkel zum Gegenstand zu positionieren, bevor Sie ihn zum „Back up" auffordern.

◂ Sandy stupst die Hand an und sucht mit den Hinterpfoten erneut das Buch.

▸ Ihr Sofa eignet sich perfekt zum weiteren Üben.

Ihr Hund als **Heinzelmännchen**

Wünschen Sie sich manchmal eine Hilfe im Haushalt? Dann bringen Sie Ihrem Hund doch einfach ein paar Tricks bei! Den meisten Vierbeinern macht es riesigen Spaß, eine Aufgabe zu haben, und man sieht ihnen an, wie stolz sie sind, wenn sie etwas gut gemacht haben.

Bringen Sie Ihrem Hund zum Beispiel bei, herumliegende alte Socken einzusammeln und in einen Wäschekorb zu legen oder auf eine niedrige Wäscheleine zu legen. Wenn Sie die Übungen „Meins oder deins?“ (Seite 28 f.) und „Ich packe in mein Körbchen“ (Seite 32) bereits geübt haben, ist das ein Kinderspiel!

Weitere lustige Anregungen finden Sie im folgenden Kapitel. Viel Spaß beim Üben!

Besuch??? *Schnell den roten Teppich ausrollen!*

Die Aufgabe:

Besuchern wird Ihr Hund künftig den roten Teppich ausrollen und sie so herzlich willkommen heißen.

Für wen? *1 Mensch + 1 Hund*

Welche Hilfsmittel? *Kleiner Teppich o.Ä.*

Voraussetzungen? *Keine*

Wie geht es weiter?

Von Mal zu Mal legen Sie weniger bis gar keine Leckerchen mehr in die Teppichrolle. Die Belohnung bekommt Ihr Hund von Ihnen, sobald er den Teppich komplett aufgerollt hat. Oder lassen Sie Ihren Hund nach dem Aufrollen des Teppichs noch einen Trick darauf machen und der Besuch darf die Belohnung überreichen. Ihr Hund und Ihre Gäste werden begeistert sein!

Schritt für Schritt:

1. Nehmen Sie einen kleinen Teppich, einen Badezimmervorleger oder für sehr kleine Hunde ein Platz-Set.
2. Ihr Hund soll nun im Sitz oder Platz warten und Ihnen zuschauen. Wenn er zu neugierig ist und ihm das Warten schwerfällt, binden Sie ihn mit Leine und Geschirr an einem feststehenden Gegenstand fest oder bitten eine Hilfsperson, ihn festzuhalten.
3. Knien Sie sich ihm gegenüber auf den Boden und lassen ihn gespannt beobachten, wie Sie den Teppich zusammenrollen und alle paar Zentimeter ein Leckerchen darin verstecken. Machen Sie es dabei ruhig spannend: „Oohh, schau mal, was ich hier habe …“
4. Lassen Sie etwa zehn Zentimeter des Teppichs offen liegen und platzieren darauf ein Leckerchen. So hat Ihr Hund es am Anfang leichter.
5. Viele Hunde fangen rasch an zu pföteln, um schneller zum Ziel zu kommen, und zerwühlen den Teppich, wenn man nicht aufpasst. Daher sollten Sie ihm gegenüber knien und Ihre Hände rechts und links über den Teppichenden schweben lassen. So können Sie, sobald er versucht zu pföteln, den Teppich schnell festhalten und ihm zu verstehen geben, dass er es anders probieren soll. Haben Sie einen sehr ungestümen Hund, könnte ihn anfangs jemand zusätzlich von hinten am Geschirr ein wenig bremsen.
6. Kennt er schon das Signal „Stups“ (siehe Seite 46), können Sie ihm, falls er immer wieder die Pfoten nehmen möchte, auch verbal helfen.

▲ **Ronja** rollt sicher schon bald auch größere Teppiche schwungvoll aus.

Oh, ist das dunkel hier … *Ich brauche Licht!*

Die Aufgabe:

Auf das Signal „Licht“ betätigt Ihr Hund einen Schalter und schaltet das Licht ein oder aus.

Für wen? *1 Mensch + 1 Hund*

Welche Hilfsmittel? *Lampe mit Fußschalter*

Voraussetzungen? *Pfote geben (siehe Seite 50)*

Was tun, wenn’s nicht gleich klappt?

Vermeiden Sie, Ihren Hund erwartungsvoll anzuschauen, sondern schauen Sie stattdessen auf den Schalter am Boden. Meist folgt er Ihrem Blick. Helfen Sie ihm auch nicht, indem Sie mit Ihrer Hand auf den Schalter zeigen. Die meisten Hunde sind dann irritiert und wissen nicht, ob sie den Schalter oder Ihre Hand berühren sollen. Nehmen Sie Ihre Hände daher am besten auf den Rücken.

Schritt für Schritt:

1. Fragen Sie bei Ihrem Hund zur Auffrischung das klassische Pfötchengeben ab: 👍.
2. Nehmen Sie den Schalter in die Hand, wie auf dem Foto auf Seite 73 zu sehen, und fragen Sie erneut das Pfötchengeben ab.
3. Immer, wenn Ihr Hund mit seiner Pfote den Schalter berührt: 👍.
4. Versuchen Sie, ihm das Leckerli möglichst dann zu geben, wenn seine Pfote noch auf dem Schalter in Ihrer Hand liegt. So verknüpft er die Belohnung schneller mit dem Berühren des Schalters.
5. Bald schon wird er seine Pfote heben, sobald Sie ihm Ihre Hand mit dem Schalter entgegenstrecken, auch ohne dass Sie Ihr bisheriges Signal für „Gib Pfötchen“ dazu sagen müssen. Dies ist der Zeitpunkt, an dem Sie das neue Signal einführen – zum Beispiel „Licht“.
6. Halten Sie Ihrem Hund Ihre Hand mit dem Schalter nun jedes Mal etwas tiefer entgegen. Immer, wenn er mit der Pfote den Schalter berührt, sagen Sie „Licht“ und bestätigen ihn mit 👍.
7. Im weiteren Übungsverlauf sagen Sie „Licht“, kurz bevor oder während er seine Pfote hebt – also bevor er getroffen hat.
8. Legen Sie den Schalter nun auf den Boden vor Ihren Hund und sagen auffordernd „Licht“.
9. Wenn Ihr Hund den Schalter kurz mit der Pfote berührt: 👍. Wenn dabei das Licht angeht = Jackpot!!!

▸ **„Ich glaube, mir geht gerade ein Licht auf …!“**

„Take it“ Halt mal schnell fest

Die Aufgabe:

Ihr Hund soll einen Schirm oder Besenstiel festhalten, indem er ihn mit einer Pfote umklammert.

Für wen? *1 Mensch + 1 Hund*

Welche Hilfsmittel? *Schirm oder Besenstiel*

Voraussetzungen? *Pfote geben (siehe Seite 50)*

▲ **Den Schirm langsam immer mehr aufrichten. Bestätigt wird nur, wenn die Pfote schön umklammert.**

Schritt für Schritt:

1. Stimmen Sie Ihren Hund auf die kommende Übung ein, indem Sie wieder kurz mit dem klassischen Pfötchengeben beginnen.
2. Nehmen Sie im nächsten Schritt einen Schirm oder Besenstiel hinzu und halten ihn quer vor sich. Halten Sie eine Hand darüber und fragen Sie erneut das Pfötchengeben ab. Sobald Ihr Hund Ihre Hand, die auf dem Schirm liegt, mit seiner Pfote berührt: .
3. Bei einer der nächsten Wiederholungen ziehen Sie Ihre Hand, kurz bevor er trifft, geschickt zurück, sodass er stattdessen den Schirm mit seiner Pfote berührt: .
4. Schon bald wird Ihr Hund immer, wenn Sie ihm den Schirm erneut entgegenhalten, seine Pfote von alleine heben. Achten Sie nun darauf, dass er den Schirm nicht nur berührt, sondern seine Pfote nach Möglichkeit darüberhängt. Dies können Sie durch eine geschickte Bewegung des Schirms in seine Richtung unterstützen.
5. Führen Sie jetzt ein neues Signal ein – zum Beispiel „Take it“ oder „Halt fest“.
6. Richten Sie den Schirm nun jedes Mal ein bisschen weiter auf und bestätigen Ihren Hund nur noch, wenn er die Pfote um den Schirm herumlegt, und nicht, wenn er ihn nur mit den Fußballen berührt. Denn er soll den Schirm ja später umklammern und nicht mit der Pfote von sich wegdrücken.
7. Es wird eine Weile dauern, bis er den Schirm – auch wenn er aufrecht neben ihm steht – wie gewünscht umklammert und festhält. Denn es ist eine für einen Hund sehr untypische Bewegung. Geben Sie ihm Zeit zu verstehen, was Sie von ihm möchten.

▶ **Malouk mit Schirm und Charme – nur ohne Melone.**

Trainingstipp

Ihr Hund muss lernen, oben mit seinem Kopf dagegenzuhalten, damit der Schirm nicht umfällt. Daher beginnen Sie am besten mit einer Vorübung. Wenn Sie einen Hund oder Menschen unerwartet schubsen oder zur Seite schieben wollen, lehnt er sich meist reflexartig dagegen. Lehnen Sie den Schirm seitlich an den Hundehals: 👍. Üben Sie von Mal zu Mal etwas mehr Druck aus, bis sich Ihr Hund dagegenlehnt: 👍.

Auf die Socken, ... *fertig, los!*

Für wen? *1 Mensch + 1 Hund*

Welche Hilfsmittel? *Socken und Leine*

Voraussetzungen? *Apportieren (siehe Seite 28 f.)*

Die Aufgabe:

Sicher haben auch Sie in der Sockenschublade einzelne Socken, deren Gegenstück nicht mehr auftaucht? Jetzt haben Sie endlich eine sinnvolle Verwendung dafür! Mit diesen Socken können Sie Ihren Hund stundenlang abwechslungsreich beschäftigen und sogar ganze Verhaltensketten einstudieren.

In der Übung auf Seite 32 wird erklärt, wie Sie Ihrem Hund beibringen, Gegenstände in einen Korb zu legen. Genau so üben Sie mit ihm auch, Socken in einen Wäschekorb zu legen. Hier erfahren Sie, wie Sie Ihrem Hund beibringen, Socken auf eine Leine zu hängen. Und auf der folgenden Doppelseite lernt Ihr Hund, Ihnen Socken auszuziehen und frische aus einer Schublade zu bringen.

Die Einzelübungen können Sie am Ende miteinander nach Belieben zu Verhaltensketten kombinieren. Ihr Hund muss dann mehrere Einzelübungen in Folge absolvieren und bekommt erst ganz am Ende eine Belohnung. Üben Sie dabei zuerst immer den letzten Teilschritt der Kette und bestätigen diesen mit 👍.

Nun setzen Sie immer mal wieder einen weiteren Teilschritt vorne dran und belohnen, sobald beide Aufgaben erfüllt wurden. Beispielsweise so: Socken aus der Waschmaschine holen und in den Korb legen. Oder Socken aus dem Waschkorb holen und auf die Wäscheleine hängen.

Schritt für Schritt:

1. Legen Sie eine Socke auf den Boden und üben Sie mit Ihrem Hund, Ihnen diese in Ihre Hand zu apportieren: 👍.
2. Spannen Sie eine Wäscheleine auf Brusthöhe Ihres Hundes. Dazu können Sie zum Beispiel die Hundeleine an einem Tischbein befestigen und das andere Ende mit einer Hand festhalten.
3. Lassen Sie Ihren Hund wieder eine Socke apportieren und halten Ihre noch freie Hand nun direkt über die Leine. Kurz bevor er die Socke in Ihre Hand legt, ziehen Sie diese ein Stück zurück, sodass die Socke auf der Wäscheleine landet: 👍.
4. Sollte die Socke beim ersten Mal daneben fallen, belohnen Sie ihn trotzdem.
5. Fällt die Socke beim nächsten Mal wieder herunter, so fordern Sie ihn mit „Bring's" auf, es erneut zu probieren und halten Ihre Hand dieses Mal geschickt direkt unter die Leine. Hängt sie diesmal? Super und 👍!
6. Haben Sie das Gefühl, Ihr Hund hat mit der Zeit eigentlich verstanden, um was es geht, ist aber oft zu übermotiviert und wirft die Socke irgendwo hin? Versuchen Sie, mehr Ruhe in die Übung zu bekommen und gehen Sie einen Lernschritt zurück.
7. Ihr Hund sollte spätestens nach jedem zweiten oder dritten Versuch Erfolg haben und eine Belohnung bekommen, damit er die Lust am Spiel nicht verliert. Helfen Sie ihm, wenn nötig, ein bisschen durch entsprechendes Halten und Entgegenkommen Ihrer Hand.
8. Schon bald wird er die Socken „ordentlich" über die Leine hängen.

▼ **Die guten** auf die Wäscheleine, die schlechten … in den Wäschekorb.

James, ... den Wagen, bitte!

Die Aufgabe:

Ihr Hund lernt das Signal „Zieh“ und Ihnen so behilflich zu sein.

Für wen? *1 Mensch + 1 Hund*

Welche Hilfsmittel? *Zergelspielzeug, dünnes Seil, alte Socke*

Voraussetzungen? *Signal „Zieh“ (siehe Seite 34)*

Weitere Aufgaben für Ihren Butler

„Zieh“-Spiele können Sie prima mit Apportierspielen kombinieren. Zeigen Sie Ihrem Hund, wie Sie ein Paar Socken in die Schublade legen. Fordern Sie ihn nun auf, Ihnen nach dem Aufziehen der Schublade daraus morgens ein Paar Socken ans Bett zu bringen (siehe Seite 28 f.). Oder lassen Sie ihn die Socken, nachdem er sie Ihnen ausgezogen hat, in den Waschkorb bringen (siehe Seite 76).

Schritt für Schritt:

1. Üben Sie nochmal das Ziehen auf Signal, indem Sie Ihren Hund an einer Schnur zergeln und/oder ziehen lassen
2. Dann binden Sie die Schnur an den Griff einer Schublade und halten ihm das Ende der Schnur mit der Aufforderung „Nimm's“ und „Zieh“ vor die Nase. Sobald er seine Zähne kurz daran hat oder sogar zieht: 👍.
3. Es kann helfen, eine fast ebenerdige Schublade zu wählen und vor den Augen des Hundes sein Lieblingsspielzeug oder Leckerlis darin zu verstecken. Dann ist der Reiz und damit die Wahrscheinlichkeit größer, dass er sich mehr anstrengt.
4. **Wichtig:** Üben Sie an einer Schublade, in der normalerweise nichts Interessantes oder Gefährliches für Ihren Hund liegt, damit er es nicht irgendwann alleine versucht. Schubladen aufziehen darf er nur, wenn daran eine Schnur befestigt ist und Sie es ihm sagen.
5. Nehmen Sie nun eine alte, einzelne Socke, mit der Sie ein Zergelspiel machen, dabei „Zieh“ sagen und Ihren Hund auch mal gewinnen lassen. Stülpen Sie die Socke dann über Ihre Faust und sagen wieder „Zieh“. Berührt er dabei Ihre Hand mit den Zähnen, qietschen Sie kurz auf, damit er zukünftig besser aufpasst. Denn an den Zehen würde das später wehtun.
6. Nachdem er sie vorsichtig von der Faust zieht, können Sie die Socke über Ihren Fuß stülpen. Zuerst nur über die Zehen und später über den ganzen Fuß, und Ihr Hund zieht sie Ihnen aus.
7. Klappen beide Übungen gut, lernt Ihr Hund auch schnell, einen Reißverschluss aufzuziehen und Ihnen durch Ziehen an den Ärmelenden Ihre Jacke auszuziehen.

▶ **Auf die Plätze, fertig, ZIEH!**

Botendienste „Sie haben Post“

Die Aufgabe:

Ihr Hund spielt Briefträger und überbringt Ihnen oder Familienmitgliedern Nachrichten.

Für wen? *1 oder mehrere Menschen + 1 Hund*

Welche Hilfsmittel? *Kleine Nachrichten, Schuhkarton oder Postkasten*

Voraussetzungen? *Keine – ggf. apportieren (siehe Seite 28 f.)*

Trara, die Post ist da …

Eine nette Variante ist die Installation eines Briefkastens in Ihrer Wohnung. Das kann auch ein alter Brotkasten sein, der auf den Sperrmüll sollte. Ihr Hund kann diesen vorne mit der Nase aufhebeln. Es tut auch ein Schuhkarton, dessen Deckel Ihr Hund anheben kann. Oder ganz modern: ein amerikanischer Briefkasten. Die Klappe daran öffnet Ihr Hund mit einem Seil (siehe Seite 34 und 78).

Ein Riesenspaß – nicht nur für Kinder. Ist Ihr Hund ein sehr zarter und vorsichtiger Apportierer, kann er Papierrollen mit dem Maul nehmen und übergeben. Ist Ihr Hund dagegen sehr ungestüm und neigt dazu, auf Gegenständen herumzukauen, so können Sie die Botschaften in einem festeren Gegenstand verpacken, den er gut tragen kann. Apportiert er überhaupt nicht gerne, so binden Sie ihm die Nachricht einfach ans Halsband. Der Empfänger der Nachricht ruft den vierbeinigen Briefträger dann mit seinem Namen zu sich.

Schritt für Schritt:

1. Die Nachricht kann Ihrem Hund entweder von einem Familienmitglied übergeben und Ihnen dann gebracht werden.
2. Sie können die Nachricht aber auch in einen Schuhkarton oder einen andersartigen „Briefkasten“ stecken und ihn sich von dort bringen lassen.
3. Steigern Sie dabei langsam den Schwierigkeitsgrad.
4. Stellen Sie den Briefkasten zunächst geöffnet ganz in Ihrer Nähe auf den Boden und lassen sich daraus eine Papierrolle oder einen Briefumschlag bringen.
5. Ihr Signal dafür könnte heißen „Bring die Post“.
6. Verschließen Sie den Briefkasten oder Karton jedes Mal ein bisschen mehr, bis Ihr Hund gelernt hat, ihn alleine zu öffnen und die Nachricht herauszuholen.
7. Nun können Sie sich vom Briefkasten immer weiter entfernen, bis Ihr Hund Ihnen die Nachrichten auf Ihr Signal hin auch in ein anderes Zimmer oder Stockwerk bringt.

▶ Stille Post mal anders …

Hundespiele für draußen

Ab nach draußen!

Die Höhepunkte im Leben unserer Hunde sind neben den Fütterungszeiten die täglichen Spaziergänge. Jeder gesunde Vierbeiner liebt es, draußen unterwegs zu sein. Vor allem die Hundenase sehnt sich nach Abwechslung und Beschäftigung - das tägliche „Zeitunglesen" ist unseren Hunden ein großes Bedürfnis.
Auch wir Hundebesitzer sind gerne unterwegs. Das gehört nun einmal zur Hundehaltung dazu, ist außerdem entspannend, gesund ... und manchmal auch überaus unterhaltsam.

Aktiv und glücklich

Dennoch gibt es Steigerungsmöglichkeiten! Ich verspreche Ihnen, dass Beschäftigungsspielchen nicht nur dem Hund Spaß machen, sondern auch Ihnen! Einen aufmerksamen, lachenden Begleiter an Ihrer Seite zu haben, wird auch Sie zum Lächeln bringen. Lern- und Spaßspiele mit dem Hund sind selbstbelohnend – für das Tier wie für den Besitzer. Gleichzeitig wächst die Bindung, und zwar nicht nur die vom Hund zu seinem Menschen, sondern auch umgekehrt. Sie werden stolz sein auf Ihren Vierbeiner, was ihm wiederum Freude bereitet. Und so wird das Gassigehen zum täglichen Highlight, nicht zur lästigen Pflicht!
In diesem Büchlein zeige ich Ihnen zahlreiche Möglichkeiten, den Unterhaltungswert Ihrer täglichen Runde zu steigern. Der Aufwand ist meistens gering – und bringt doch so viel Freude! Es geht nicht darum, den Vierbeiner von Anfang bis Ende zu bespaßen, aber zwei bis drei wechselnde Aktivitäten pro Runde bereichern sein Leben ganz ungemein. Und hier wandeln wir den bekannten Spruch leicht um: „Geht's dem Hund gut, freut sich der Mensch!"

Keks statt Druck

Das Schöne an Ihren Aktivrunden wird sein, dass es keinerlei Erfolgsdruck gibt, denn Spiel ist der Definition nach zweckfrei. Wir müssen keine Prüfungen bestehen. Es gibt keinen Wettbewerb. Es gibt nur Freude aneinander, so ist der Spaßfaktor garantiert. Dennoch sind auch Erfolgserlebnisse wichtig, wichtig für Sie und für Ihren Hund.
Um das zu erreichen, braucht es außer Geduld gar nicht viel „Werkzeug". Einen Clicker oder ein speziel-

▶ Das Ziel: gemeinsam Spaß haben!

les Lobwort (Markersignal, siehe Seite 88) zu verwenden, hilft schon sehr beim Lernen. Erfahren Sie zudem, wie Ihre Hand oder ein Gegenstand zum „Hundemagneten“ (auch Target genannt, siehe Seite 90) werden kann. Und natürlich, für Ihren Hund am wichtigsten: Belohnen Sie gut und reichlich, denn jeder noch so kleine Schritt ist Grund zu großer Freude!

Dabei wirken vor allem vielfältige Belohnungen besonders gut. Finden Sie heraus, was Ihr Tier als Belohnung empfindet und was sich für die jeweilige Situation anbietet. Für viele Hunde ist Futter die beliebteste Belohnung. Das passt wunderbar, denn Leckerchen sind einfach und schnell verwendbar. Sie können zum Beispiel verschiedene Futtertaschen verwenden, die Sie an der Kleidung befestigt leicht mit sich führen können. Für meine Hunde habe ich immer Futter in zwei Wertigkeitsstufen mit dabei: ein gutes Trockenfutter und Wurst oder Käse.

Es gibt aber weit mehr Möglichkeiten: Ihre jubelnde Stimme, ein tolles Zerrspiel, ein geworfener Ball, auch die Freigabe fürs Schnüffeln oder eine Toberunde mit dem Hundekumpel. Ihr Vierbeiner wird sich über Abwechslung und Überraschungen freuen.

Loben und belohnen Sie bitte ausgesprochen großzügig! Beobachten Sie sich einmal selbst und zählen Sie, wie oft Sie Ihren Hund positiv bestätigen. Er wird freudig das wiederholen, was sich für ihn lohnt. Achten Sie also darauf, was er an erwünschtem Verhalten zeigt und belohnen Sie es: manchmal nur mit einem freundlichen Wort, manchmal mit hochwertigem Futter oder einem fröhlichen Ballspiel. Wir wollen schließlich nicht zu denen gehören, deren Motto „Nicht geschimpft ist schon gelobt!“ ist.

Manchmal werde ich gefragt: „Wollen Sie denn immer füttern?“ Meine Antwort darauf ist ein ganz klares „Ja, warum denn nicht!“. Warum soll ich meinem Hund diese Belohnungsmöglichkeit nehmen, die doch so einfach zu geben ist und ihm so viel Freude macht? Ein Tier, das „diszipliniert“ wird, läuft vorsichtiger durch die Welt und ist misstrauischer. Ein häufig belohnter Hund ist ein aufmerksamer und freudiger Begleiter. Bei der Wahl zwischen Druck oder Keks werde ich immer den Keks wählen!

Ich wünsche Ihnen und Ihrem Vierbeiner unterwegs jede Menge tolle Outdoor-Erlebnisse und gemeinsamen Spaß!

Auf einen Blick

Wie schwierig ist die Spielidee umzusetzen? Funktioniert sie auch mit mehreren Hunden oder an der Leine? Diese Infos finden Sie bei jeder Anleitung.

Mit oder ohne Leine?

F nur ohne Leine möglich (Freilauf)

L mit Leine möglich

Mit wie vielen Hunden?

1 nur mit einem Hund möglich

2+ mit mehreren Hunden möglich

Wie schwierig?

einfach

mittel

anspruchsvoll

Praktisches

für die Hunderunde

Ihrem Hund ist es egal, ob unterwegs nur aus Spaß an der Freude gespielt wird oder Ihr Ziel der gut erzogene Begleiter ist. Er will Abwechslung, Aufmerksamkeit, leckere Belohnungen und viel Spaß! Die täglichen Runden können Sie wunderbar nutzen, um beides zu verbinden ...

Freuen Sie sich auf abwechslungsreiche Hunderunden und profitieren Sie von einer durch gemeinsame Aktivitäten gestärkten Bindung.

Jogger ignorieren *Fremde(s) gaaanz gelassen erkennen*

Welche Hilfsmittel? *Keine*

Voraussetzungen? *Keine*

Die Aufgabe:

Ihr Hund lernt, die für ihn bedrohlichen Personen oder Objekte, die Ihnen beiden beim Spazierengehen über den Weg laufen, zu erkennen und ruhig zu bleiben.
Eher unsicheren und jungen Hunden kann es helfen, Umweltreize besser zu verarbeiten, wenn sie von uns mit einem Namen versehen werden. Sehen wir zum Beispiel den Jogger vor dem Hund, können wir ihn darauf markern (siehe Kasten) und er wird weniger vor seinem plötzlichen Auftauchen erschrecken. Außerdem wird er den Auslöser von Anfang an positiv verknüpfen, weil er mit einem Markersignal und einer Belohnung gekoppelt wird.
Viel unerwünschtes Verhalten unserer Hunde ist angstbegründet. Jogger werden verbellt, weil sie bedrohlich wirken. Pferde und andere Hunde ebenso. Das Benennen hilft unserem tierischen Begleiter, Unbekanntes einzuordnen. Auch Angstsituationen wie Gewitter können benannt und positiv konditioniert erträglicher werden.
Das Spiel hat auch einen netten Nebeneffekt: Die Hunde lernen so einen beeindruckend umfangreichen Wortschatz!

Schritt für Schritt:

Von Welpenbeinchen an lernen meine Hunde „Jogger", „Fahrrad", „Auto", „Kinder", „Pferd", „Hund" und so weiter als Begriff kennen. Markiert und belohnt wird dabei der erste Blick auf die vermeintliche Gefahr:

1. Sobald ein möglicher Reizauslöser in Ihr Blickfeld kommt, weisen Sie darauf hin: „Guck mal, ein Jogger!". Sie benennen das Objekt und geben ein Markersignal, damit der Hund es auch bemerkt.
2. Wenn die Körpersprache Ihres Vierbeiners anzeigt, dass er den Jogger gesehen hat – das kann ein Blick dorthin sein, ein Zucken mit dem Ohr oder Ähnliches –, belohnen Sie ihn.
3. Beginnt der Hund beim Erkennen eines Joggers, sich Ihnen in Erwartung eines Markersignals zuzuwenden, können Sie ein Alternativverhalten aufbauen und belohnen, zum Beispiel ein Blickkontakt zu Ihnen oder das Laufen in Fußposition.

Profitipp:

Kennt Ihr Hund beispielsweise Schafe und Pferde und ist beides sichtbar, können Sie „Vokabeltraining" machen: Benennen Sie die Schafe und belohnen Sie, wenn der Hund dann dorthin blickt. Sagen Sie „Pferd" und belohnen Sie den Blick zum Pferd!

Was ist ein Markersignal?

Ein Markersignal sagt Ihrem Hund punktgenau: „Richtig gemacht!". Es ist ein Versprechen auf eine Belohnung. Markersignale können das Klicken eines Clickers sein, aber auch Worte wie „Yep!", „Zack!" oder ein Zungenschnalzer. Belohnen Sie großzügig und variabel mit allem, was Ihrem Hund Spaß macht.

▶ Ein Jogger kommt? Super, da gibt's Leckerlis!

Cool bleiben *Rechts oder links laufen*

F 2+ ★★★

Welche Hilfsmittel? *Keine*

Voraussetzungen? *Keine*

Die Aufgabe:

Auch dort, wo unsere Hunde frei laufen dürfen, sind wir nicht alleine unterwegs. Andere Fußgänger, Jogger und Fahrräder begegnen uns und es ist eine große Hilfe, wenn der Hund auch ohne Leine brav an der Seite seiner Besitzer passiert.
Anders als auf dem Hundeplatz geht es hier nicht um korrektes Fußlaufen. Der vierbeinige Begleiter lernt stattdessen, Ablenkungen zuverlässig zu ignorieren.

Targetstick

Als Armverlängerung bietet sich bei kleineren Hunden hier ein Targetstick an. Anstatt einen gekauften Targetstick unterwegs immer mitführen zu müssen, können Sie sich unterwegs im Nu selbst einen basteln: Befestigen Sie dazu einfach ein Taschentuch mit einem Haargummi an einem Stock! Nun muss Ihr Hund nur noch lernen, ihm zu folgen.

Schritt für Schritt:

1. Beginnen Sie auf breiten Wegen. Sehen Sie entgegenkommende Menschen, machen Sie Ihren Hund darauf aufmerksam. Sichern Sie ihn an der mit der linken Hand gehaltenen Leine und führen Sie ihn mit einem Leckerchen auf Ihrer rechten Seite an der Ablenkung vorbei. Kurz nach der Begegnung klicken Sie und belohnen.
2. Recht bald wird das Leckerchen in der Hand durch ein Handtarget ersetzt (siehe Seite 104). Sie wollen, dass Ihr Hund von Ihrer leeren rechten Hand geführt an Menschen vorbeigeht. Es hilft ihm, dabei eine Aufgabe zu haben: der Hand zu folgen.
3. Ein weiteres Hilfsmittel ist es, überdeutlich rechts zu laufen. Für den Hund wird das zum Signal, am rechten Wegrand neben Ihnen zu gehen. Für den entgegenkommenden Spaziergänger wird klar, dass der Hund unter Kontrolle ist.
4. Es ist also eine Abfolge von Benennen – Alternativaufgabe Handtarget – Belohnung kurz nach der Begegnung. Achten Sie bei der Belohnung darauf, sie auch rechts von Ihnen zu geben. Der Klick bedeutet zwar das Ende der Aufgabe, doch die Belohnung wird immer in der Position gegeben, die zuvor geübt wurde.
5. Üben Sie nun dasselbe auf Ihrer linken Seite. Hier laufen Sie als Signal deutlich auf der linken Wegseite und nehmen Ihre linke Hand als Target.

Profitipp:

Während anfangs die Ablenkungen klein sind und der Abstand groß, können Sie im Laufe der Zeit von Ihrem Hund mehr verlangen. Mit Übung kann er dann sogar an anderen Hunden zuverlässig frei vorbeigeführt werden.

▼ **Achtung Reiter** – da laufen wir alle rechts!

Ein schöner Rücken ... *Hinten bleiben!*

F 2+

Welche Hilfsmittel? *Anfangs ein menschlicher Trainingshelfer*

Voraussetzungen? *Keine*

Die Aufgabe:

Im Allgemeinen möchte ich meine Hunde vor mir laufen sehen. Nur dann kann ich ihre Körpersprache lesen und rechtzeitig handeln, wenn sie zum Beispiel Wild in die Hundenasen bekommen. Nähere ich mich jedoch unübersichtlichen Stellen – wie etwa Kurven oder Wegkreuzungen –, hat es sich sehr bewährt, sie hinter mir zu haben und mir erst einmal einen Überblick zu verschaffen.

Immer mit der Ruhe!

Gehen Sie in kleinen Schritten vor. Sie wollen Ihren Hund nicht maßregeln, sondern für richtiges Verhalten loben können.
Drängen die Hunde neben einem nach vorne, hilft es, langsamer zu werden.

Schritt für Schritt:

Am einfachsten übt es sich zu zweit. Da Sie hinten keine Augen haben, ist hier ein Trainingshelfer ausgesprochen praktisch. Das Körpersignal für „Hinten bleiben!" sind meine seitlich ausgestreckten Arme. Sie bilden sozusagen einen Zaun.

1. Während Sie vorne mit Ihren Armen den Weg optisch versperren, klickt oder markert hinter Ihnen Ihr Helfer, wenn Ihr Hund nur zwei oder drei Schritte korrekt hinter Ihnen bleibt.
2. Sie haben die Leckerchen und werfen sie auf den Klick hin hinter sich. So ist die Erwartungshaltung des Hundes nach hinten gerichtet.
3. Im nächsten Schritt gehen Sie vor wie bisher. Jetzt fliegen die Leckerchen allerdings erst nach hinten, wenn Sie die Lage an der unübersichtlichen Stelle sondiert haben. Damit ist der Hund wieder freigegeben.
4. Nutzen Sie Ihren Trainingshelfer so lange wie möglich. Sind Sie auf sich alleine gestellt, muss ein Blick über die Schulter reichen. Meine Erfahrung ist, dass langsameres Gehen den Hund eher zurückhält als der Versuch, durch schnelles Laufen vor dem Hund zu bleiben.

▼ **Wir nähern** uns der Wegkreuzung – da heißt es: hinten bleiben!

Hatschi! *Toller Service!*

L 1

Welche Hilfsmittel? *Weißes Stofftaschentuch oder Stoffstück – Papiertaschentücher sind möglich, zerreißen allerdings leicht*

Voraussetzungen? *Apportieren, siehe Seite 148*

Die Aufgabe:

Wenn Sie „niesen" (Signalwort „Hatschi!"), soll der Hund ein Taschentuch aus Ihrer Hosentasche ziehen und Ihnen in die Hand geben. Dies ist eine nette, publikumswirksame Apportieraufgabe.

Was ist shapen?

Shapen heißt, dass ein vom Hund gezeigtes Verhalten durch ein Klicken oder ein Markerwort eingefangen und belohnt wird. Je nach Hund wird diese lukrative Handlung früher oder später bewusst gezeigt.
Gehen Sie immer sehr kleinschrittig vor und belohnen Sie schon kleine Ansätze. Ihr Hund braucht Erfolgserlebnisse – geben Sie sie ihm!

Schritt für Schritt:

1. Sie werfen das Taschentuch auf den Boden und fordern Ihren Hund auf, es Ihnen in die Hand zu geben.
2. Sie legen das Taschentuch auf einen etwas erhöhten Platz (Baumstamm, Bank) und lassen es sich in die Hand apportieren.
3. Sie benennen das Taschentuch mit „Hatschi!".
4. Das Taschentuch hängt fast vollständig aus der linken Hosentasche und Sie fordern Ihren Hund mit „Hatschi!" auf, es herauszunehmen und Ihnen in die rechte Hand zu geben.
5. Der heraushängende Taschentuchzipfel wird immer kleiner und der Hund muss sich beim Herausziehen mehr anstrengen.
6. Sie wechseln die vorderen Hosentaschen, sodass er nach dem Taschentuch suchen muss.
7. Auch die hinteren Hosentaschen werden mit einbezogen.

Profitipp:

Wenn Sie es schaffen, bei Ihrem Hund ein Niesen zu shapen, können Sie eine nette Verhaltenskette daraus machen: Sie belegen beispielsweise Lunas Niesen mit dem Signalwort „krank", sodass Sie fragen können: „Bist du krank, Luna?" Luna niest, Sie sagen voller Mitleid, dass auch Sie krank seien. Sie niesen und Luna gibt Ihnen Ihr Taschentuch. Jeder wird begeistert sein von diesem klugen und hilfsbereitem Hund und Luna wird ganz stolz über all die Aufmerksamkeit sein!

▶ Wenn Cjalla das Taschentuch zückt, hat sie die Lacher auf ihrer Seite!

Gute Idee *Wer ist der Kreativste?*

Welche Hilfsmittel? *Keine*

Voraussetzungen? *Keine*

Die Aufgabe:

Es macht Spaß, die Kreativität unserer Hunde zu fördern. Zur Abwechslung dürfen sie uns einmal Angebote machen.
Für viele Hunde ist diese Art zu arbeiten völlig neu und Ihre Ansprüche sollten sehr niedrig sein. Erwarten Sie nicht, dass er wirklich völlig neue Verhaltensweisen anbietet. Aber mit Glück bietet er irgendwann etwas an, was Sie auf neue Ideen bringt. Vielleicht entsteht so wirklich einmal ein neuer Trick – nach einer Idee Ihres Hundes!

Schritt für Schritt:

1. Ausnahmsweise fangen Sie gleich mit dem neuen Signalwort an: „Mach was!" fordern Sie ihn auf oder eben „Gute Idee!".
2. Dann wird fast alles angeclickert, was der Hund anbietet. Geht er einen Schritt rückwärts? Klick! Schaut er zur Seite? Klick! Zeigt er seine altbekannten Kunststückchen? Klick! Schleckt er sich über die Schnauze? Klick! Auch Ihr Beobachtungsvermögen ist hier gefordert!
3. Erlauben Sie Ihrem Hund ein paar Wiederholungen (schließlich hat er gelernt, erfolgreiches Verhalten zu wiederholen). Dann aber teilen Sie ihm mit „Weiter!" mit, dass nun wieder etwas Neues gefragt ist.
4. Wie immer sollten Sie nicht zu lange an dieser Aufgabe arbeiten. Schließen Sie mit einem besonders netten Angebot ab, loben Sie ihn noch einmal kräftig für seine guten Ideen und gehen Sie weiter. Geben Sie allerdings auch nicht zu schnell auf. Versuchen Sie es in kurzen Übungsabschnitten immer wieder und seien Sie gespannt!

Profitipp:

Bei einem besonders begabten und in selbstständigem Anbieten von Verhalten geübten Hund können Sie die Messlatte höher setzen: Jedes Verhalten darf nur einmal gezeigt werden. Oder als weitere Steigerung: Nur wirklich neues Verhalten wird belohnt.

◀ Bin ich dran?

▶ **Nicht schlecht,** oder?

Schnüffelrunde *Immer der Fellnase nach …*

Welche Hilfsmittel? *Eine längere Leine, möglichst ein Geschirr*

Voraussetzungen? *Keine*

Die Aufgabe:

Es gibt einfach Tage, da will man nur Ruhe. Ruhe für den Hund, Ruhe für den Menschen. Üben Sie sich in Gelassenheit und lassen Sie Ihren vierbeinigen Begleiter angeleint, aber ansonsten ungestört schnüffelnd seine Runde gehen.

▲ **Einfach mal die Seele baumeln lassen …**

Schritt für Schritt

Sie haben vielerlei Möglichkeiten für einen interessanten Gassigang „frei Schnauze“:

- Gehen Sie bewusst dorthin, wo viele Hunde vor ihm waren. Vor allem Rüden genießen es, einmal in Ruhe ihrer Nase folgen zu können.
- Ihr Hund wird es Ihnen auch danken, wenn Sie nicht immer die gleiche Runde mit ihm drehen. Er liebt Abwechslungen für seine Nase – so wie wir auch nicht dasselbe Buch wieder und wieder lesen wollen.
- Suchen Sie ab und zu bewusst besonders spannende Geruchsstellen auf. Vielleicht darf er einmal in aller Ruhe einen Parkplatz abschnüffeln – die anschließende Runde muss dann gar nicht mehr weit sein.
- Eine weitere spannende Möglichkeit ist, Ihrem angeleinten Hund die Führung zu überlassen! An Kreuzungen fordern Sie ihn mit „Führ mich!“ auf, beobachten ihn genau und folgen seinen kleinsten Signalen in eine bestimmte Richtung.

Die Geruchswelt unserer Hunde wird uns immer verschlossen bleiben. Dennoch kann es sehr interessant sein, uns von unseren Hunden führen zu lassen. Vielleicht bekommen wir so einen kleinen Einblick in seine Interessen.

Profitipp:

Für manche Vierbeiner ist der Mensch zu Fuß einfach zu langsam. Kennt er die Aufforderung „Führ mich!“, kann er auch freilaufend von seinem Besitzer auf dem Fahrrad begleitet werden. Hunde legen durchaus gerne größere Strecken in zügigem Trab zurück. Natürlich muss er an der Leine gelernt haben, dass seine Freiheit auf Wege beschränkt bleibt; und wir wiederum lassen ihm die Zeit, sich interessanten Stellen schnüffelnd zu widmen.

▼ **Ahhh, Prada** darf heute nach Herzenslust schnüffeln!

Sherpa spielen *Der Hund trägt mit*

L 1

Welche Hilfsmittel? *Gegenstände zum Tragen*

Voraussetzungen? *Keine*

Die Aufgabe:

Vor allem Hunde mit Retrievererbe tragen mit großer Ausdauer und Begeisterung Stöcke oder Spielzeug mit sich herum. Gehört so ein „Trägerhund" zu Ihnen, können Sie dies auch nutzen, um ihn artgerecht zu beschäftigen.
Das Tragen kann auch Tieren, die sich leicht über Umweltreize aufregen, helfen, diese gelassener hinzunehmen. Kauen ist für manche Hunde Stressabbau. Stopfen Sie also die süße Schnauze und geben Sie Ihrem Nervösling eine Aufgabe, die ihn auslastet und hilft, ihn zu beruhigen.
Die Beschäftigung für die Hundeschnauze kann durchaus auch gute Unterhaltung für andere Spaziergänger sein. Ich kannte zum Beispiel einen Retriever, der stets einen alten Wanderschuh mit sich herumtrug. Ein Lächeln der Vorbeigehenden war ihm sicher! Freude macht auch der Hund, der seine eigene Leine trägt. Vielleicht schaffen Sie es sogar, sich die Vorliebe fürs Tragen zunutze zu machen: Mein großer Mischling etwa half mir, Einkäufe nach Hause zu tragen. Ein Kilo, beziehungsweise einen Liter, konnte er mir ohne Weiteres abnehmen.

Schritt für Schritt:

1. Loben Sie Ihren Hund, wenn er freiwillig sein Lieblingsspielzeug mit sich trägt und führen Sie einen Begriff dafür ein.
2. Jetzt können Sie Ihre Kreativität spielen lassen: Überlegen Sie sich nette Objekte, die den Hund zum Sympathieträger machen. Zum Beispiel könnte er seine Leine tragen oder einen für ihn hergerichteten Korb. Hilfreich ist es, die speziell dafür gedachte Leine vorzufalten und mit einem Band zu fixieren. Beim Korb polstere ich den Griff etwas ab, damit er haltbarer wird und angenehmer zu tragen ist.
3. Denken Sie daran, Pausen einzubauen, denn auch das bravste Tier braucht einmal ein Timeout. Ein tragender Hund arbeitet und kann nicht seinen Hundeinteressen nachgehen. Arbeit macht Spaß, aber jeder braucht auch einmal entspannte Freizeit!

Ein Korb ist keine Beute!

Tragen kann Stressabbau sein und es kann Ihrem Hund helfen, schwierige Situationen gelassener zu ertragen. Manche Hunde jedoch fangen an, ihr Trageobjekt als Beute zu sehen, die bewacht werden muss. Beobachten Sie Ihren Hund also genau und lassen Sie ihn nur Sherpa spielen, wo es angebracht ist.

▶ Wenn Fellin ihre Leine trägt, lächelt jeder.

Bewegungsspiele

Olympiareif!

Bewegung bedeutet gerade für jüngere Vierbeiner das reine Lebensglück. Wenn sie ihre Bewegungslust kontrolliert ausleben können, bringen wir Schwung und Freude in den Hundealltag und reduzieren gleichzeitig ihr mögliches Interesse an jagdbarem Wild. Gehen Sie mit offenen Augen an die frische Luft und Sie werden viele hundegeeignete Herausforderungen finden, die Sie immer wieder zu neuen Spielideen nutzen können!

Twist and turn Dreh dich!

L 1 ★★★

Welche Hilfsmittel? *Keine*

Voraussetzungen? *Keine*

Die Aufgabe:

Der Hund dreht sich neben Ihnen rechts oder links um die eigene Achse.
Dies ist eine wunderbare Übung, um das Handtarget einzuführen. Das Wort Target bedeutet übersetzt Ziel. In diesem Fall soll der Hund lernen, der menschlichen Hand wie einem Magneten zu folgen, ohne dass diese ein Leckerchen vor seiner Nase führt. Schon sehr junge Hunde können dies lernen.

Schritt für Schritt:

1. Mit einem Leckerchen führen Sie Ihren Hund so, dass er sich einmal in Uhrzeigerrichtung um sich selbst dreht.
2. Das Leckerchen wird durch die reine Handbewegung ersetzt. Dazu greifen Sie in Ihre Futtertasche, führen den Hund aber mit der leeren Hand. Kaum hat er sich gedreht, sagen Sie Ihr Belohnungswort und füttern ihn.
3. Statt führender Hand genügt dem Hund später eine leichte Drehung mit dem Finger als Signal. Belohnung folgt wie immer!
4. Die Drehung gegen den Uhrzeigersinn wird auf die gleiche Weise beigebracht. Sie können die Rechts- und Linksdrehung gleichzeitig einüben oder sich erst auf eine Richtung beschränken und dann die zweite dazunehmen.

Profitipp:

Sie führen für die beiden Drehrichtungen zwei unterschiedlich klingende Signalwörter ein, zum Beispiel „turn" und „twist" und üben den Trick ohne Handsignal. Vielleicht lernt Ihr Hund es auch aus der Distanz?

◀ **Ups, das war ein bisschen zu hoch ...**

▼ **Die junge Kurzhaarcollie-Hündin** Krimi folgt Josephs Hand gerne, denn er hat ein Stückchen Käse drin versteckt.

Parcours *Mutprobe für echte Helden*

L 2+ ★★★

Welche Hilfsmittel? *Keine*

Voraussetzungen? *Keine*

Die Aufgabe:

Für unsere Hunde kann die ganze Welt zum Spielplatz werden! Lassen Sie Ihren Hund unterwegs springen, klettern, balancieren, kriechen und vieles mehr! Im Wald bieten sich beispielsweise zahllose Baumstämme für Hüpf- und Balancierübungen an. In einem zweiten Schritt geht es dann auf Felsen und über Gräben! Anspruchsvolle Untergründe wie Gitterroste, glatte Böden oder schwierige Treppen sind in städtischer Umgebung zu finden. Es gibt Pfosten, die man umrunden kann, Mäuerchen, auf denen es sich balancieren lässt, oder Kunstwerke, die zu Bewegungsspielchen inspirieren. Laufen Sie mit offenen Augen durch die Welt und entdecken Sie die Möglichkeiten!

Schritt für Schritt:

1. Suchen Sie ein geeignetes „Spielgerät" und überlegen Sie sich die Bewegung dazu.
2. Führen Sie Ihren Hund anfangs mit Leckerchen in der Hand und benennen Sie die Handlung: „Spring!"
3. Später reicht ein verbaler Hinweis mit einer Zeigebewegung, sodass Ihr Vierbeiner auch entfernte Dinge beklettern, umrunden oder überspringen kann.
4. Loben Sie Ihren Hund für seinen Mut – er wird sich über Ihre Bewunderung freuen!

Profitipp:

Der Schwierigkeitsgrad lässt sich hier unbegrenzt steigern. Ihre Fantasie ist gefragt! Wie wäre es beispielsweise, Ihren Hund in der Stadt eine flache Treppe rückwärts hinaufgehen zu lassen?

Erst auf los geht's los!

Ein wichtiger Punkt soll nicht unerwähnt bleiben: Ihr Hund darf Sie zwar auf Möglichkeiten aufmerksam machen (erfahrene Hunde lieben es, eigene Ideen zu entwickeln!), doch er darf sie erst auf Ihre Aufforderung hin umsetzen. Eigeninitiative wird hier niemals belohnt! Die Gefahr ist zu groß, dass er freudig auf eine Mauer hüpft, hinter der ein Abgrund droht. Ich denke hier beispielsweise an Burgmauern oder Mauerbegrenzungen bei Brücken!

▸ „Hopp!“

▾ „Warten!“

▾ „Und ab!“

Triathlon *Hüpfen, krabbeln und umrunden*

F 2+ ★★★

Welche Hilfsmittel? *Keine*

Voraussetzungen? *Gelände mit Parkbänken*

Die Aufgabe:

Bänke sind ausgesprochen vielseitige „Hundesportgeräte“. Sie können so viel mit ihnen machen. Als erstes lernt der Hund meistens ein „Hopp!“. Die zweite Möglichkeit ist, unten durchzukriechen, wenn die Höhe geeignet ist. Und drittens kann der Triathlet „außenrum“ spazieren.

▲ „Hopp!“, und was kommt jetzt?

Schritt für Schritt:

Hunde lernen ortsbezogen. Es wird Ihrem Vierbeiner also leichter fallen, die einzelnen Aktionen mit verschiedenen Bänken zu verbinden. Auf eine Bank wird gehüpft, eine andere umrundet und unter einer dritten lassen Sie ihn durchkrabbeln.

1. Locken Sie anfangs mit Leckerchen, bis Ihr Hund verstanden hat, um welche Bewegung es sich handelt. Verknüpfen Sie Bank und verbales Signal mit einer bestimmten Handbewegung: „Hopp!“ kann eine Hebebewegung sein, „Durch!“ eine Tauchbewegung und „Außenrum!“ ein Schicken mit dem linken Arm in Uhrzeigerrichtung.
2. Kann Ihr Hund alle drei Tricks einzeln, können Sie sie an einer Bank abfragen. Konzentrieren Sie ihn auf sich und zeigen Sie sehr deutliche Handsignale.
3. Halten Sie Ausschau nach anderen geeigneten Objekten. Bei uns gibt es beispielsweise einen senkrecht einbetonierten großen Reifen. Auch hier kann der Hund hindurchspringen, hochhüpfen und ihn umrunden. Liegt vielleicht eine Betonröhre herum, die das auch ermöglicht?

Profitipps:

Probieren Sie, Ihren Hund aus der Distanz zu schicken. Eine weitere Möglichkeit ist, ohne Handsignale und nur verbal zu arbeiten.

Hauptsache Spaß!

Klappt es nicht sofort, probieren Sie es einfach erneut. Das Nette an diesen Aktivitäten ist, dass keine Prüfung droht und der Spaß so nicht verloren gehen kann!

▼ Mit Schwung geht's außen rum!

Round, round, get around *Außenrum!*

F 2+

Welche Hilfsmittel? *Keine*

Voraussetzungen? *Gelände mit Schuppen, Baum, kleinem Garten*

Die Aufgabe:

Der Hund lernt auf Signal, kleinere oder größere Objekte zu umrunden.

▶ **Zu mehreren macht dieses Spiel noch mehr Spaß!**

Schritt für Schritt:

1. Stellen Sie sich mit Ihrem Hund dicht vor einem Baum.
2. Führen Sie Ihren Vierbeiner nun mit Handtarget (siehe Seite 104) oder Leckerchen mit der linken Hand im Uhrzeigersinn hinter den Baum und locken Sie ihn mit der rechten Hand wieder nach vorne. Geschafft? Belohnung mit Markersignal (siehe Seite 88) und Leckerchen!
3. Üben Sie weiter mit beiden Händen, bis es auch ohne Leckerchen in der Hand klappt und schließlich nur die nach hinten führende Hand als Signal reicht.
4. Versuchen Sie es mit etwas mehr Abstand zum Baum. Als Signal dient ein Zeigen auf den Baum mit der Aufforderung „Außenrum!".
5. Erst wird der Abstand größer, dann das zu umrundende Objekt. Suchen Sie sich beispielsweise kleinste Gartenhüttchen oder einen kleinen Felsen.
6. Versuchen Sie, Ihren Hund um Scheunen oder kleine, eingezäunte Gärten zu schicken!

Eine gute Belohnung für schnelles Umrunden kann ein in Laufrichtung geworfenes Spielzeug sein.

Profitipps:

- Bauen Sie die Übung gegen den Uhrzeigersinn neu auf. Nun könnte es „Go around!" heißen, unterstützt durch eine deutliche Schickbewegung mit dem rechten Arm. Konzentrieren Sie Ihren Hund auf sich und schicken Sie ihn dann abwechselnd rechts- und linksherum!
- Brauchen Sie eine noch größere Herausforderung? Dann schicken Sie einen Hund rechtsherum und einen Hund linksherum!

▲ Hinten rum ...

▲ ... und wieder da!

Gut behütet *Hütespiel für Hüterlies*

F 1

Welche Hilfsmittel? *Später mehrere Menschen*

Voraussetzungen? *Keine*

Die Aufgabe:

Während Sie spazieren gehen, umrundet Sie Ihr Hund auf Aufforderung. Spannend wird es, wenn Sie zu zweit laufen oder gar die ganze Familie unterwegs ist!

Hüte sich wer kann!

Es ist nicht einfach, die Begabungen von Hütehunden im Alltag aufzugreifen. Jagdsequenzen lassen sich sehr viel leichter spielerisch ausleben als Hüteverhalten. Schließlich soll unser Hütehund weder Fahrradfahrer, noch Rehe „hüten". Vielleicht hat er aber Spaß am Hüten von Familienmitgliedern?
Vorsicht – manche Hüter können dazu neigen, das Hüten von Menschen zu ernst zu nehmen. Beobachten Sie Ihren Hund genau und entscheiden Sie, ob solche Spiele das Richtige für ihn sind!

Schritt für Schritt:

1. Führen Sie Ihren Beschützer mit einem Handtarget (siehe Seite 104) oder anfangs mit einem Leckerchen: Die rechte Hand leitet ihn hinter sich, die linke Hand wieder nach vorne. Kaum taucht er vorne wieder auf, benutzen Sie Ihr Markersignal (siehe Seite 88), um ihm zu sagen: „Richtig gemacht!" und belohnen ihn.
2. Üben Sie weiter mit beiden Händen, bis es auch ohne Leckerchen in der Hand klappt und schließlich nur die nach hinten führende Hand als Signal reicht.
3. Nun laufen Sie dicht neben Ihrem zweibeinigen Begleiter. Der rechts laufende Mensch beginnt, den Hund mit der rechten Hand hinter sich zu führen.
4. Sein links laufender Nachbar greift die Bewegung mit seiner linken Hand auf und führt den Hund wieder nach vorne ... Markersignal und dicke Belohnung!
5. Nun wird der Abstand zwischen den beiden Hundefreunden größer. Klappt es immer noch?

Profitipp:

Lassen Sie Ihren Hund zuerst mehrere Menschen und schließlich eine kleine, auseinandergezogene Gruppe (eingeweihter) Spaziergänger umrunden!

▼ ... **Und** schon taucht Jonni vorne wieder auf!

Torlauf Slalom durch die Beine

F 1 ★★★

Welche Hilfsmittel? *Keine*

Voraussetzungen? *Keine*

Die Aufgabe:

Ihr Hund liebt Bewegungsspiele und fände Agiltiy auf dem Hundeplatz wahrscheinlich spannend? Dann versuchen Sie doch, ihm diesen Spaß beim Spaziergang unterwegs zu gönnen. Ihre Beine als „Torstangen“ fürs Slalom haben Sie immer dabei ... und schon kann es losgehen: Der Hund läuft in einer Achterbewegung um Ihre Beine herum – eine leicht zu lernende Aufgabe, die vor allem dem älteren Vierbeiner durch die fließende Rückenbewegung in beide Richtungen guttut.

Schritt für Schritt:

1. Sie stehen breitbeinig vor Ihrem Hund und führen ihn mit einem Leckerchen in der Hand um Ihr rechtes Bein und von hinten wieder zwischen Ihren Beinen nach vorne. Anfangs können Sie jeden Ansatz mit Markersignnal bestärken und das Leckerchen geben.
2. Die Bewegung wird ausgeweitet durch das Umrunden des linken Beines. Das Ziel ist die komplette Acht.
3. Lassen Sie das Leckerchen mit der Zeit weg, sodass der Hund nur noch Ihrer führenden Hand folgt.
4. Statt führender Hand genügt später ein mit einer leichten Hüftbewegung ausgestelltes Knie. Es wird zum Signal, unter diesem Knie hindurchzulaufen und wieder nach vorne zu kommen. Sie schwingen also elegant hin und her, während sich Ihr Vierbeiner in Achterbewegungen um Ihre Beine bewegt.

Profitipp:

Üben Sie nun den Slalom um die Beine in einer fließenden Vorwärtsbewegung. Dies geht auch erstaunlich gut mit recht großen Hunden. Führen Sie anfangs wieder mit der Hand, später reicht dann das vorgestellte Bein als Signal. Wollen Sie mehr Tempo, bietet sich ein geworfener Ball als Belohnung an!

▼ Zu groß fürs Slalomlaufen? Niemals!!!

Impulskontrolle

Aufgepasst!

Impulskontrollspiele sind für den Vierbeiner hoch spannend und gleichzeitig eine wunderbare Übung für den Ernstfall einer Wildbegegnung. Hunde sind Beutejäger und lieben es heiß und innig, wenn Spiele diese Situation annähernd widerspiegeln. In solchen Momenten dann kontrolliert mit seinem Menschen zusammenzuarbeiten, ist für das Tier eine große Herausforderung und immer wieder aufregend. Die Belohnung ist dann Action pur!

Fang's! *Im Flug erwischt*

L 2+

Welche Hilfsmittel? *Futter oder ein leichtes Spielzeug*

Voraussetzungen? *Keine*

Die Aufgabe:

Fliegendes Futter ist für den Hund besonders attraktiv, da es seinen Jagdinteressen entgegenkommt. Die Futterbelohnung wird dadurch hochwertiger. Auch bei einer Fellschnauze, die manchmal etwas heftiger nach dem Leckerchen in Ihrer Hand schnappt, freut sich der Mensch, wenn das Futter fliegend genommen werden kann!

Vorsicht!

Werfen Sie Ihrem Hund bitte keine zu kleinen Bälle oder andere Gegenstände ins Maul! Er könnte sie verschlucken!

Schritt für Schritt:

1. Nicht alle Hunde sind geborene Fänger! Oft schauen sie dem fliegenden Leckerchen nach, bis es auf dem Boden liegt, und nehmen es dann erst auf. Ihre erste Aufgabe ist es nun, zielgenau zu werfen! Dabei wird schon ein leichtes Öffnen des Mauls begeistert begrüßt!
2. Manchmal versteht der Hund auf einmal, worum es geht, wenn sich das Objekt langsamer bewegt. Versuchen Sie es mit einem leichten Stofftier, einem Waschlappen oder geknotetem Tuch. Einmal gefangen ist der Groschen oft gefallen!
3. Erstaunlich gut geht es häufig, mehrere befreundete Hunde nebeneinander zu setzen und ihnen mit Namensnennung Futterbrocken der Reihe nach zuzuwerfen. Beginnen Sie mit etwas Distanz zwischen den Vierbeinern, um zu sehen, ob sich Ressourcenaggression, also Futterneid, zeigt. Wenn die Hunde dieses Spielchen einmal kennen, können sie auch direkt nebeneinander sitzen. Das ist immer wieder ein netter Zeitvertreib in Wartesituationen.

Profitipps:

- Versuchen Sie, Ihrem Schleckermäulchen ein Leckerchen auf die Nase zu legen und nach kurzem Warten auf das dem Hund bekannte Signalwort „Fang's!" hochwerfen und fangen zu lassen. Bewährt hat sich dabei Futter, das nicht zu leicht ist, damit es stabil auf der Nase liegen bleibt und für den Hund auch gut zu fangen ist.
- Je nach Maul- und Spielzeuggröße kann ein Hund auch mehrere Gegenstände auf einmal fangen. Kennt er ein „Halten", können Sie versuchen, ihm ein zweites Objekt dazuzuwerfen. Manchmal hilft auch der Zufall, dass der Hund versteht, was gewünscht wird!

▼ **Zack!** Ich hab sie!!!

Balla-balla *Bunter Ballspaß*

F 2+

Welche Hilfsmittel? *Ein Ball (bevorzugt an einer Schnur)*

Voraussetzungen? *Der Hund liebt Bälle und kennt schon ein einfaches „Bleib!"*

Die Aufgabe:

Viele Hunde lieben ihren Ball. Nutzen Sie diese Freude für Bewegungsspaß, der auch den Kopf fördert und die Impulskontrolle stärkt. Bei dieser Aufgabe lernt der Vierbeiner, erst auf Aufforderung auf einen Ball zu reagieren.

Schritt für Schritt:

1. Setzen Sie Ihren Vierbeiner ab und treten Sie ein wenig zurück. Bewegen Sie den Ball leicht in Ihren Händen. Wenn Ihr Hund sitzen bleibt, rufen Sie ein lautes, fröhliches „Okay!!!!", drehen sich um und werfen den Ball.
2. Steigern Sie die Spannung, indem Sie weiter vom Hund zurücktreten und den Ball attraktiver vor der Hundenase herumschwenken.
3. Steht Ihr Hund zu früh auf, wird nicht geschimpft und korrigiert – der Ball verschwindet einfach wortlos unter Ihrer Achsel. Bei einem neuen Versuch sollten Sie den Schwierigkeitsgrad überdenken und eventuell zurückfahren. So bekommen Sie ein Gefühl dafür, den Hund auf der Stufe herauszufordern, die er bewältigen kann. Überforderung ist frustrierend für Mensch und Hund. Erfolg macht Spaß – auch auf einfachem Niveau.

Profitipps:

Den Ball einfach zu werfen und zurückbringen zu lassen, ist nicht herausfordernd genug? Überlegen Sie sich immer wieder unterschiedliche Aufgaben, die das Ballspiel zur Belohnung werden lassen. Hier sind einige Ideen:

- Werfen Sie zwei (oder noch mehr) Bälle in verschiedene Richtungen, während Ihr Hund sitzend zuschaut. Schicken Sie den Hund zum zuerst geworfenen Ball und dann erst zum anderen.
- Sie tanzen wild vor dem sitzenden oder liegenden Hund herum, schwenken den Ball verlockend in der Luft und machen alle Bewegungen eines Ballwurfes, ohne ihn wirklich zu werfen. Dann endlich kommt das erlösende Signal „Okaaaaaay".
- Wenn Ihr Hund Bälle liebt, üben Sie ein „Sitz" aus der Entfernung und werfen Sie als Belohnung den Ball. Meine Hunde genießen es richtig, wenn ich den Ballwurf andeute, sie losflitzen und sich in der Entfernung erst setzen müssen, damit der Ball dann zur Belohnung in die entgegengesetzte Richtung fliegt.

Mach mal Pause!

Manche Hunde sind süchtig nach Bewegungsreizen. Wir wollen sie auslasten, aber nicht hochpuschen. Achten Sie also darauf, Rennspiele nur dosiert anzubieten. Noch mehr als bei anderen Beschäftigungen gilt es hier, aufzuhören, wenn es am schönsten ist. Üben Sie ein Handsignal für „Pause" ein und halten Sie es konsequent ein, wenn Sie es einmal gegeben haben.

▼ Der Klassiker: ein Kind, ein Hund und ein Ball …

Eins, zwei, drei, vier Eckstein! *Verstecken spielen*

F 2+

Welche Hilfsmittel? *Eventuell eine Pfeife*

Voraussetzungen? *Unübersichtliches Gelände*

Die Aufgabe:

Fast täglich spielen wir dieses einfache, aber immer wieder spannende Spiel: Der Hundehalter setzt die braven Vierbeiner ab, entfernt sich, versteckt sich hinter einem Baum und pfeift (oder ruft) die Hunde zu sich. Die Hunde lieben das nicht nur, sie lernen auch viel dabei. Erstens wird das ruhige Absitzen geübt, während der Zweibeiner sich entfernt. Zweitens – und das ist der große Lerneffekt – dürfen sie endlich zu Herrchen oder Frauchen rennen, wenn die Pfeife ertönt.

Es ist wichtig, die Pfeife (oder den Rückruf) immer und immer wieder positiv „aufzuladen“, also in Situationen anzuwenden, in denen der Hund wirklich kommen will. Pfeifen wir ihn dagegen nur zurück, wenn er etwas Spannendes im Kopf hat, lernt er schnell, die Pfeife als Spaßbremse anzusehen. Wie gut, dass uns dieses Spiel immer wieder die Möglichkeit gibt, den Rückruf positiv zu konditionieren.

Kommen lohnt sich!

Rückrufe werden immer hochwertig belohnt. Halten Sie für dieses Spiel also möglichst oft etwas besonders Leckeres bereit. Natürlich kann ein entsprechend aufgelegter Hund auch mit einem wilden Zerrspiel belohnt werden.

Schritt für Schritt:

1. In seiner einfachsten Form lässt sich dieses Spiel schon mit Welpen spielen: Lassen Sie Ihren Hund sitzen, drehen Sie sich langsam um und pfeifen Sie ihn zu sich. Entfernen Sie sich einen Schritt und wiederholen Sie den Abruf. Erhöhen Sie den Schwierigkeitsgrad so langsam, dass der Vierbeiner keinen Fehler macht. Steht er zu früh auf, gehen Sie wieder einen Lernschritt zurück.
2. Bleibt er schon kurz sitzen, entfernen Sie sich langsam und verschwinden hinter einem nahen Baum. Nun wird er hergepfiffen. Natürlich gibt es immer eine gute Belohnung!
3. Bald können Sie sich ein wirkliches Versteck suchen. Setzen Sie Ihren Hund an einem unübersichtlichen Ort ab, zum Beispiel vor einer Wegkurve oder hinter einem Holzstapel. Je nach Gelände und Hund können Sie sich nun entfernen und verstecken. Ducken Sie sich hinter ein Gebüsch, stellen Sie sich hinter einen Baum und warten Sie einige Sekunden, bevor Sie pfeifen.

▲ Ein Pfiff ...

▲ ... und der Spaß beginnt!

Hiiierher! *... Aber bitte einer nach dem anderen*

F 2+ ★★★

Welche Hilfsmittel? *Anfangs am besten einen Menschen pro Hund*

Voraussetzungen? *Keine*

Die Aufgabe:

Abrufspiele machen Spaß und festigen den Rückruf. Gleichzeitig verlangen sie einiges an Impulskontrolle und Konzentration.

Hand hilft mit

Unter anderem auch bei ertaubten Hunden ist es hilfreich, ein Handsignal für den Rückruf einzuführen. Das kann zum Beispiel die erhobene Hand sein, die im Moment des Abrufs auf den Oberschenkel fällt.

Schritt für Schritt:

1. Setzen Sie zwei oder mehr Hunde nebeneinander. Es ist deutlich leichter für die Tiere, wenn verschiedene Zweibeiner dabei sind. Jeder Mensch steht seinem Hund gegenüber, sucht Blickkontakt und deutet mit einer Handbewegung „Bleib!".
2. Sehr sachte wird der jüngste beziehungsweise am wenigsten ausgebildete Hund abgerufen (zum Besitzer gerufen). Dann der zweite und so weiter.
3. Eine nette Steigerung für Fortgeschrittene ist, die Vierbeiner gestaffelt hinzusetzen. Mit etwas Übung wird es klappen, dass der hinterste Hund zuerst abgerufen werden kann. Er rennt dabei an seinen weiter vorne sitzenden Kameraden vorbei, die ihn ignorieren müssen. Denken Sie daran, dass jeder Abruf hochwertig belohnt werden sollte!

Profitipp:

Noch schwieriger ist es, wenn nur ein Mensch mehrere Hunde führt. Setzen Sie sie nebeneinander ab und versuchen Sie, sie einzeln abzurufen.

Es fällt den schlauen Tieren erstaunlich schwer, ihre Namen akustisch zu unterscheiden. Eine Hilfe wäre es, für jeden Hund ein eigenes Handsignal einzuführen. Hunden fällt das Lesen von Körpersprache deutlich leichter als das Unterscheiden verbaler Signale. Da wir Menschen anders kommunizieren, ist es wichtig, sich dies immer wieder klar zu machen.

▼ Auf die Plätze, fertig, looos!

Ran an die Beute ... aber nicht sofort

F 1 ★★★

Welche Hilfsmittel? *Spielzeug mit einer daran befestigten Schnur, Stock*

Voraussetzungen? *Der Hund sollte „Sitz" und „Aus" kennen*

Die Aufgabe:

Für beuteinteressierte Vierbeiner ist eine selbst gemachte Reizangel ein ausgesprochen attraktives Spielzeug. Gleichzeitig bietet sie sich für Impulskontrollübungen an.

▲ **Einmal wildes Tier sein dürfen!**

Schritt für Schritt:

1. Binden Sie Ihr Spielzeug an einen geeigneten Stock, den Sie unterwegs finden. Lassen Sie Ihren Hund absitzen und bewegen Sie das Spielzeug vorsichtig und langsam vor ihm hin und her.
2. Dann folgt das gerufene „Okaaay!!" und er darf versuchen, seine „Beute" zu fangen. Je nach Ausbildungsstand gehen Sie bitte nur in sehr langsamen Schritten voran. Wenn die Impulskontrolle Ihres Hundes noch nicht gut ausgeprägt ist, bewegen Sie das Spielzeug nur langsam und erlauben ihm nach nur kurzem Warten das Jagdvergnügen. Sobald er unerlaubt zu früh aufsteht, sind Sie zu schnell vorgegangen. In diesem Fall brechen Sie ab und beginnen von Neuem, diesmal mit weniger großen Erwartungen an seine Selbstkontrolle.
3. Sobald Ihr Hund dem Spielzeug nachjagen darf, gestalten Sie eine kurze Jagdsequenz. Er darf flitzen, springen und zum Schluss das Spielzeug erwischen.
4. Nun rufen Sie ihn zu sich und lassen sich die Beute geben oder tauschen sie gegen eine gleich- oder höherwertige ein – je nach Ausbildungsstand Ihres Hundes. Die Abgabe wird hochwertig belohnt mit Futter oder einem Zerrspiel.
5. Bitte bedenken Sie, dass eine Reizangeljagd den Erregungslevel Ihres Hundes sehr hochpuscht und gleichzeitig stark ermüdet. Setzen Sie diese Aktivität also nur sparsam und in kurzen Sequenzen ein! Ihr Hund wird dieses spannende Spiel umso mehr lieben!

Profitipp:

Versuchen Sie, Ihren Hund aus der „Jagd" heraus in ein Sitz zu bringen. Auf Ihr „Okaaay!" hin darf er aufspringen und weiterjagen.

▼ **Aufregender** geht nicht.

Kunststücke

Trickreiches für Talente

Tricks machen Spaß – und sind durchaus nützlich! Hunde, die Tricks beherrschen, sind Sympathieträger und die brauchen wir heutzutage dringend! Selbst ein ängstliches Kind ist eher bereit, auf Hunde zuzugehen, wenn diese lustige Tricks beherrschen. So viel zur Außenwirkung ... Aber auch für die Hund-Mensch-Beziehung sind Tricks genauso nützlich wie jede Erziehungsarbeit, denn beide erfahren: Lernen macht Spaß!

Ziel!!! *Targetspiele*

F 2+ ★★★

Welche Hilfsmittel? *Keine*

Voraussetzungen? *Keine*

Die Aufgabe:

Target bedeutet übersetzt „Ziel". Unsere Hunde können lernen, Zielobjekte (Targets) mit der Nase oder mit den Pfoten zu berühren. So gesehen wird unsere Hand zu einem Pfotentarget, wenn der Hund lernt, uns die Pfote zu geben.

Unterwegs können Hunde zum Beispiel Bäume anzeigen, indem sie mit den Vorderpfoten daran hochsteigen. Für ältere Hunde ist aber auch ein Nasenstupser als Anzeige eine Möglichkeit.

Geeignete Targets draußen sind zum Beispiel Baumstümpfe, Markierungssteine, Verteilerkästen, Pfosten, markante Steine …

„Falsch" und „schade"

Und wenn's nicht klappt? Bei mir gibt es zwei negative Rückmeldungen: „falsch" und „schade". Falsch heißt, er bietet nicht das Richtige an. Helfen Sie ihm, dass er schnell zu Erfolgserlebnissen kommt! Kann er es eigentlich, breche ich mit einem „Schade!" ab. Keine Belohnung, keine weiterer Beschäftigungsspaß, aber auch keine unangenehme Folgen. Beim nächsten Versuch sollten Sie den Schwierigkeitsgrad wieder etwas senken.

Schritt für Schritt:

1. Zuerst lernt der Hund, mit den Vorderpfoten an einem Objekt hochzusteigen. Dazu nehmen Sie ein Leckerchen, locken ihn hoch und belohnen sofort, wenn er darauf eingeht.
2. Jetzt versuchen Sie, ihn mit der leeren Hand zum Hochsteigen zu bewegen.
3. Legen Sie zwei Schritte Abstand zwischen sich und das Objekt und schicken Sie ihn zum Hochsteigen. Versteht er das, benennen Sie die Handlung, zum Beispiel mit „Zeigen!".
4. Der Abstand wird größer und Sie üben, ihn mit einer Zeigbewegung in die richtige Richtung zu schicken.
5. Wenn Ihr Hund das von Ihnen gemeinte Ziel nicht gleich findet, sehen Sie das als Teil der Übung an, ihn richtig aus der Distanz hinzudirigieren. Freuen Sie sich mit ihm, wenn er es geschafft hat!

Profitipp:

Üben Sie, Ihren Hund so lange am Objekt stehen zu lassen, bis Sie Ihr Okay geben. Hilfreich ist es, einen Laut einzuführen, der dem Hund sagt: „Was du gerade machst ist prima, mach es bitte so lange weiter, wie ich es dir sage!" Dieser Laut wird Keep-Going-Signal genannt und kann ein „lalalalala" sein, bei uns ist es ein „gogogogo". Alles ist möglich.

▼ Hoch die Pfoten!

Die Trickbank für ein gemütliches Päuschen

L 1

Welche Hilfsmittel? *Keine*

Voraussetzungen? *Bank oder liegender Baumstamm im Gelände*

Die Aufgabe:

Hunde lernen sehr ortsbezogen. Lernfreudige Vierbeiner lieben es, bestimmte Orte mit Lernerfahrungen zu verknüpfen. Dies ist der Grund dafür, dass viele Hunde begeistert sind, auf den Hundeplatz zu kommen. Sie wissen genau, dass hier wieder interessante Dinge passieren werden!
Vielleicht gibt es auf einer Ihrer regelmäßigen Hunderunden einen Platz, der sich für eine kleine Pause eignet. Das kann zum Beispiel eine Bank sein. Wenn Sie sich vornehmen, an dieser Stelle regelmäßig an einem netten Trick zu arbeiten, freut sich Ihr Hund und Sie können ein Päuschen genießen.
Als Beispiel für Hundearbeit während Sie gemütlich sitzen schlage ich hier das Handtarget vor. Gut lässt sich so etwas auch bei einem längeren Restaurantbesuch üben.

◀ Der Kinntouch – gaaanz gemütlich.

Schritt für Schritt:

1. Halten Sie Ihrem Hund die aufrecht gestellte rechte Hand hin. Sobald sich der Hund interessiert nähert, markieren Sie dieses Verhalten mit einem Klick oder Ihrem Belohnungswort.
2. Der Hund hat die Verknüpfung gemacht und stupst Ihre Hand an, wo immer Sie sie hinhalten.

Dieser Trick hilft zum Beispiel in Situationen, in denen er gestresst ist und mit einer einfachen Aufgabe abgelenkt werden kann – was oft besser wirkt als ein Leckerchen. Das Signalwort kann zum Beispiel „touch" werden.

Profitipp:

Üben Sie als nächsten Schritt den „Kinntouch": Sie halten dem Hund Ihre flache Hand hin und formen in kleinen Schritten, dass der Hund seinen Kopf auf der Hand ablegt. Ein „Backentouch" lässt sich mit der senkrecht gestellten Hand formen ...

▼ Maja macht „Häschen"!

Der Nein-Sager *Es regnet? Na und?!*

L 1 ★★★

Welche Hilfsmittel? *Keine*

Voraussetzungen? *Keine*

Die Aufgabe:

Auch nette Fellnasen haben es heutzutage schwer. Die Medien schüren Ängste und Kinder haben oft gar keine Chance, den korrekten Umgang mit Hunden kennenzulernen.
Um Vorbehalte abzubauen, nutze ich jede Gelegenheit, Kinder positive Erfahrungen mit Vierbeinern machen zu lassen. Ganz nebenbei können die Knirpse dabei üben, mit Hunden umzugehen. Und die Tiere können Kids positiv erleben.
Sehr hilfreich erweisen sich dabei kleine Tricks, die Kindern gefallen (und Erwachsene zum Staunen bringen!). Unser Favorit ist der kopfschüttelnde Hund, der „Nein!“ sagen kann.

Ja oder nein?

Wesentlich schneller erlernt sich ein „Ja!“ und deshalb übe ich es auch sehr viel später ein, wenn das „Nein“ schon sicher sitzt. Ein „Ja!“ ist bei uns ein Beller. Eingeübt wird es auf Fragen mit „Findest ...“. So können Sie dann fragen: „Findest du Julia nett?“ und der Hund wird ein freudiges „Ja!“ bellen! „Magst du Gurken?“ – kopfschüttelndes „Nein!“.

Schritt für Schritt:

1. An einem Regentag gehen Sie mit Hund, Futter und eventuell Clicker bewaffnet hinaus. Sobald sich der Hund schüttelt, klicken oder markern Sie möglichst punktgenau und belohnen ihn. Sie versuchen also wieder, ein von Ihrem Hund gezeigtes Verhalten bewusst zu machen, indem Sie es bestätigen (shapen, siehe Seite 94). Mit dem Auslöser Regen wird er das recht schnell verstehen und das Schütteln vermehrt zeigen. Sie werden sehen, wie spannend auf einmal Regenspaziergänge werden!
2. Die Schwierigkeit für Ihren Hund ist nun, auch ohne den Regenauslöser das Schütteln zeigen zu können. Meine Hunde verstanden es an einem Tag mit nassen Wiesen. Nur der halbe Hund war nass – doch für das Schütteln reichte es aus. Vielleicht reichen danach die nassen Pfoten auf einem kurzen Rasen?
3. Hat er verstanden, was Sie wollen, führen Sie ein Signalwort ein. Bewährt hat sich dabei, dass er alle Fragen auf „Magst ...“ mit Nein antwortet. Auf „Magst du Regen?“ soll er beispielsweise mit dem Kopf schütteln. Sie können nun weitere Begriffe finden, wie Tomaten, Krokodile und so weiter. Variieren Sie und freuen Sie sich an Ihrem sprechenden Hund!

Profitipp:

Der hochbegabte Hund kann lernen, Ja und Nein mit fast unsichtbaren Körpersignalen zu verknüpfen. Überlegen Sie sich beispielsweise eine Geste mit Ihrem Daumen und Ihrem Fuß, um die richtige Antwort zu bekommen. Ihr Hund wird zahlreiche Bewunderer haben!

▼ **Cjalla schüttelt sich** immer kräftig nach dem Wälzen. Jetzt gibt's dafür jedes Mal eine Belohnung …

Fang den Hund *Komm in meine Arme!*

F 1 ★★★

Welche Hilfsmittel? *Keine*

Voraussetzungen? *Ein ausreichend standfester Mensch für das Gewicht des Hundes*

Die Aufgabe:

Wenn Ihnen Ihr Hund gern auf den Schoß springt, können Sie ihm als beeindruckendes Kunststück beibringen, auf Aufforderung in Ihre Arme zu springen. Wichtig ist dabei, dass der Hund nicht nur in die Höhe springt, sondern wirklich auf Sie zu, in der Erwartung, gefangen zu werden. Nur so können Sie ihn sicher fangen.

Schritt für Schritt:

1. Suchen Sie sich im Wald verschiedene Sitzgelegenheiten und fordern Sie Ihren Hund auf, Ihnen auf den Schoß zu springen. Als optisches Signal nehmen Sie von Anfang an Ihre zum Fangen ausgebreiteten Arme.
2. Im Wald sind die Gegebenheiten perfekt, um eine wenig erhöhte Sitzgelegenheit zu finden. Sitzen Sie minimal schräg und lassen Sie Ihren Hund springen.
3. Die Sitzgelegenheiten werden höher, wobei Sie nicht mehr ganz waagrecht sitzen, sondern etwas schräg sitzend stehen. Ihre Arme werden Ihren Hund immer mehr stützen.
4. Von fast waagrecht arbeiten Sie sich zu fast senkrecht vor. Der Hund gewöhnt sich daran, von Ihnen aufgefangen zu werden.
5. Für die ersten senkrechten Sprünge können Sie sich immer noch an einen Baum lehnen.
6. Sie stehen frei auf einer Wiese und fangen Ihren auf Sie zuspringenden Hund sicher auf. Herzliche Glückwünsche zu diesem spektakulären Trick!

Profitipp:

Ist Ihr Hund klein genug, kann er durchaus auch von einem Holzstapel herunter in Ihre Arme springen. Wählen Sie die Höhe so, dass der Hund sicher gefangen werden kann!

◀ **Direkt auf Sie zu – erst einmal auf den Schoß.**

▼ Gefangen!

Cooles Pfötchen! *Hinterpfote geben*

L 1 ★★★

Welche Hilfsmittel? *Keine*

Voraussetzungen? *Parkbänke im Gelände*

Die Aufgabe:

Vielleicht haben Sie schon beobachtet, wie Pferden die Hufe ausgekratzt werden. Geduldig stehen sie da und ein Antippen reicht, damit sie die Hinterhufe brav hochheben. Natürlich können das auch unsere Hunde lernen! Eine weitere schöne Aufgabe für unsere „Trickbank“ …

Nur Geduld!

Manche Tricks brauchen einfach Zeit. Gönnen Sie sich und Ihrem Hund diese Zeit! Es gibt ja keinen Erfolgsdruck! An einigen Tricks arbeite ich mit meinen Tieren schon seit Jahren – manchmal mit großen Pausen, manchmal täglich. Umso größer ist der Stolz, wenn der Hund dann vielleicht ganz überraschend plötzlich versteht, um was es uns geht!

Schritt für Schritt:

1. Beginnen Sie mit dem rechten Hinterbein Ihres Hundes. Tippen Sie es leicht an und markern Sie jede kleinste Bewegung. Anfangs wird das meist ein Schritt nach hinten sein.
2. Geduldig üben Sie weiter und versuchen, das Verhalten in die gewünschte Richtung zu formen. Denken Sie an die Pferde – die haben das auch gelernt und sind im Lernverhalten unseren Hunden sicherlich nicht überlegen!
3. Üben Sie immer nur in sehr kurzen Sequenzen. Hat er dreimal die Hinterpfote bewegt, reicht das. Versuchen Sie immer mit einem möglichst gut gelungenen Versuch abzuschließen!
4. Erst wenn der Hund das Verhalten zeigt, fügen Sie das gewählte Signalwort hinzu.

Profitipp:

Haben Sie einen hochbegabten Hund, können Sie alle vier Beine mit Namen belegen, ich schlage „one, two, three, four“ vor. Jetzt können Sie sich die Pfoten der Reihe nach geben lassen!

▲ **Der erste Schritt ist geschafft: „one“ … und weiter geht’s.**

▼ Maja ist stolz auf ihr Können!

Mein Hund, ein Model *Fotogrüße*

L 2+

Welche Hilfsmittel? *Anfangs Zweige, später Blumen oder andere fotogene Gegenstände und ein Freund mit Kamera*

Voraussetzungen? *Keine*

Die Aufgabe:

Unsere Hunde sind dankbare Fotomodelle. Mit entsprechender Übung sind sie ausgesprochen geduldig und attraktiv sind sie sowieso immer! Dieser Trick hilft Ihnen, noch tollere Bilder zu bekommen. Selbst wenn Sie nicht selber fotografieren, findet sich im Bekanntenkreis sicher jemand, der Ihren gut trainierten Vierbeiner gern einmal abbildet. Natürlich können Sie das auch ohne Kamera auf den täglichen Hunderunden üben.

Schritt für Schritt:

1. Die Basisübung für ein vierbeiniges Fotomodell ist „Bleib!". Ihr Hund soll so stehen, sitzen oder liegen bleiben, wie Sie ihn ablegen. Sie setzen ihn also hin, gehen ein bis zwei Schritte rückwärts, gehen leicht in die Hocke (gute Hundefotos entstehen immer aus tiefen Positionen heraus!), erheben sich wieder und belohnen Ihren Hund. Es bleibt Ihnen überlassen, ob er bleiben soll, bis Sie wieder bei ihm sind, oder ob er auf das Belohnungssignal hin zu Ihnen kommen darf.
2. Nun vergrößern Sie die Distanz und gehen noch tiefer auf den Boden hinunter. Wie eine Kamera halten Sie dabei die Hand vor das Gesicht. Bei uns heißt diese Übung „Foto"!
3. Üben Sie das Stehen, das Sitzen und das Liegen. Ziel ist ein „eingefrorenes" Fotomodell, das ruhig steht oder sitzt und nur den Kopf bewegt.
4. Üben Sie bei mehreren Hunden ein Sitzen oder Stehen mit Fellkontakt. Meist lieben die Tiere eine Individualdistanz, was sich auf Fotos nicht sehr gut macht. Mit einem „Zusammen!" üben wir häufig dieses Kontaktsitzen.

Profitipps:

Ideen für fortgeschrittene Fotomodelle:

- Eine Blume im Hundemaul eignet sich wunderbar als Fotoglückwunsch. Üben Sie anfangs mit einem Stöckchen, später mit einem grünen Zweig, dann mit einer Blume. Weiter geht's wie oben: Gehen Sie wenige Schritte zurück und in die Hocke, bevor Sie ein Auflösesignal geben und das Blümchen am Boden oder in Ihrer Hand landen darf.
- Andere Grußideen sind ein dekoriertes Körbchen, eine hübsch bedruckte Geschenktüte, eine Flagge ...
- Von einem Vierbeiner, der ein „Down" beherrscht und den Kopf auf den Boden legt, können Sie wunderschöne Portraits machen. Üben Sie mit einem Target, zum Beispiel einem zerschnittenen blauen Spülschwamm. Legen Sie das Target auf die offene Hand und üben Sie einen Kinntouch (siehe Seite 132), dann auf den Boden. Schneiden Sie den Schwamm immer kleiner, bis ein Signalwort reicht.

▼ **Wer würde** nicht gerne so eine Grußkarte bekommen?

Ins Blaue hinein *Blauanzeige*

F 2+ ★★★

Welche Hilfsmittel? *Keine*

Voraussetzungen? *Gelände mit blauen Objekten*

Die Aufgabe:

Lange ging man davon aus, dass Hunde nur im Graubereich sehen können. Inzwischen ist klar, dass unser vierbeiniger Begleiter durchaus Farben sieht, jedoch ist sein Auge eher auf Lichtempfindlichkeit und Bewegungssehen als auf Farben ausgerichtet. Während dem Hund der Rotrezeptor fehlt, sieht er die Farbe Blau besonders gut.
Laufen Sie Ihre Hunderunden mit offenen Augen. Finden Sie blau markierte Objekte? Auch Futtertonnen oder Plastikfolien sind leuchtend blau. Versuchen Sie, Ihre Hunde diese Dinge anzeigen zu lassen.

Blau machen …!

Natürlich können Sie blaue Übungsobjekte auch in Ihren Garten oder anderes Privatgelände integrieren. Spritzen oder streichen Sie Steine oder Hölzer blau und verteilen Sie diese. Allerdings sollten Sie dann mehrere Wochen abwarten, bevor Sie sie für Blauanzeigen verwenden. Sonst wird der Hund nämlich schnell lernen, den Farbgeruch anzuzeigen! Weitere Farben, die Hunde ebenfalls gut erkennen können, sind Gelb und Weiß.

Schritt für Schritt:

1. Wenn Ihr Hund das Zeigen von Objekten schon gelernt hat, wird er sehr schnell verstehen, dass Sie immer wieder die gleichen (blauen!) Dinge auf Ihren Alltagsrunden angezeigt bekommen wollen. Als Anzeigeverhalten können Sie alles fördern, was Ihr Hund anbietet: zum Beispiel Nasenkontakt, Pfotenkontakt oder Verbellen. Das einmal eingeführte Anzeigeverhalten sollte dann allerdings beibehalten werden.
2. Führen Sie das Signalwort „Blau!“ ein und üben Sie es regelmäßig an möglichst vielen verschiedenen Objekten.
3. Richtig spannend wird es, wenn Sie in unbekannten Gegenden unterwegs sind und neue Blauobjekte finden. Hat er es verstanden? Schicken Sie Ihren Hund los und beobachten Sie, ob er weiß, was Sie meinen. Feiern Sie ein Fest, wenn er die korrekte Anzeige macht!

▼ **Jonni** hat gelernt, blaue Farbe zu erkennen und anzuzeigen.

Nasenarbeit

Ein Duft liegt in der Luft

Unsere Vierbeiner erleben ihre Umwelt weitgehend über die Nase. Es ist faszinierend, wenn sie uns über Suchspiele einen Einblick geben in das, was sie durch ihre Nase leisten können. Die neugierigen Tiere zeigen uns gleichzeitig deutlich, wie sehr sie Suchspiele lieben.

Da bereits eine relativ kurze Nasenarbeit unsere Hunde genauso auslastet wie ein längerer Spaziergang, wird schnell klar: Suchspiele sollten wir unbedingt in unser Beschäftigungsrepertoire mit aufnehmen!

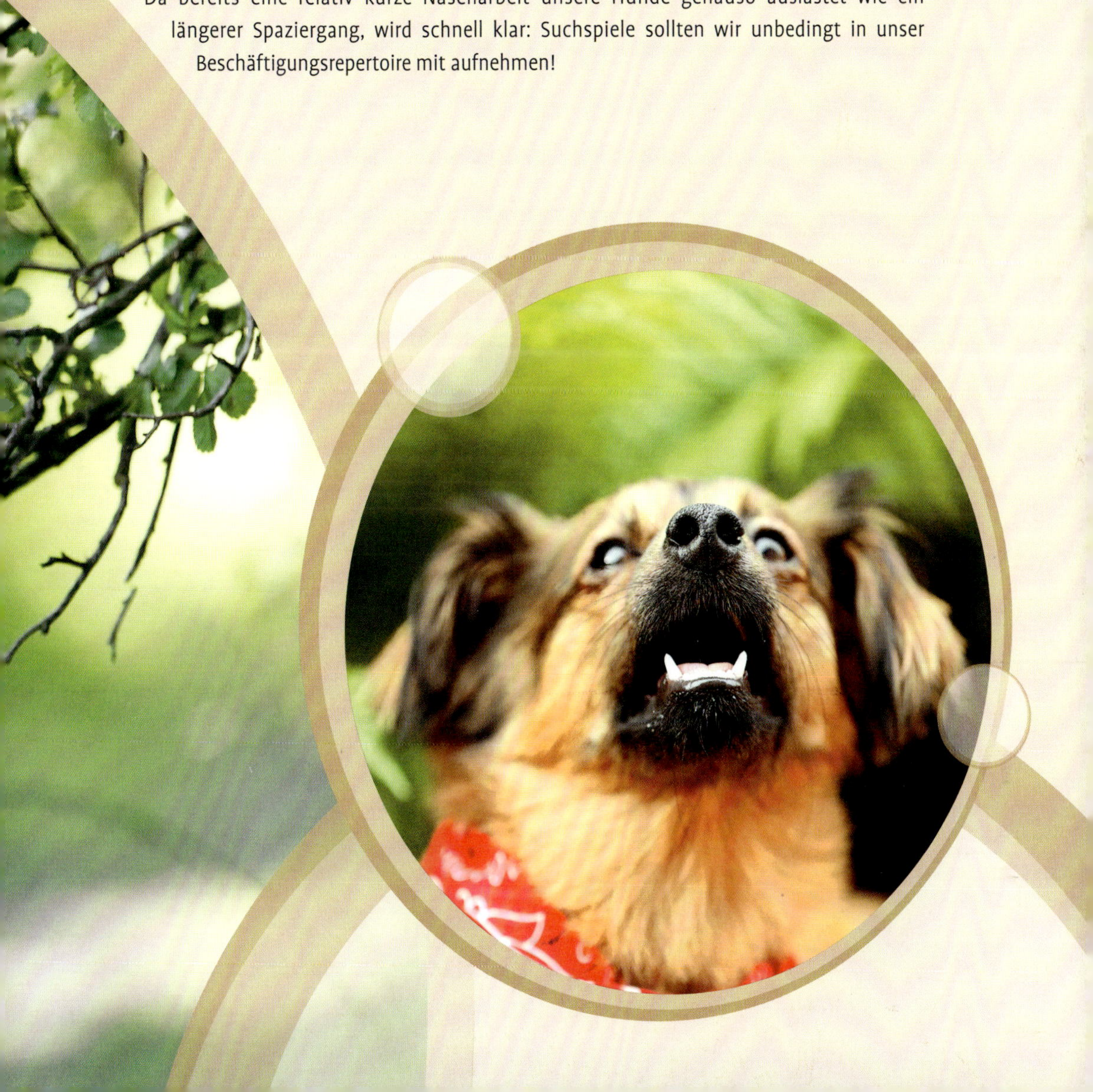

Plumpsack mit Hund *Ups, verloren!*

L 1 ★★★

Welche Hilfsmittel? *Leckerchentasche oder anderer Futterdummy, Taschentuch*

Voraussetzungen? *Apportieren, siehe Seite 148*

Die Aufgabe:

Eine wunderbare Möglichkeit, für Ihren Hund spannender zu werden, ist das gelegentliche „Verlieren" von Gegenständen. Sie beginnen mit futtergefüllten Gegenständen wie zum Beispiel käuflichen Futterdummys, Schlampermäppchen für Schüler, Schlüsseletuis mit Reißverschluss oder einem ausrangierten, verschließbaren Geldbeutel.

Heiß auf Finderlohn

Dies ist übrigens ein sehr praktischer Trick, denn meine Hunde trugen mir schon mehrmals unabsichtlich verlorene Handschuhe und einmal eine Lesebrille hinterher! Manche Hunde behalten dann allerdings ihre schusseligen Besitzer so gut im Auge, dass es schwierig ist, ein Taschentuch unbemerkt zu verlieren – wie beim Plumpsackspiel mit Kindern!

Schritt für Schritt:

1. Während Sie mit Ihrem Hund dahinschlendern, „verlieren" Sie seine Leckerchentasche. Drei Meter später stellen Sie das entsetzt fest und suchen sie zusammen mit Ihrem Hund. Kennt er das Apportieren, wird er das neue Spiel schnell verstehen! Er hebt das Täschchen auf und wird natürlich fürstlich daraus belohnt.
2. Nun wird die Entfernung größer, bis die Tasche außer Sicht liegt. Als Signal hat sich bei mir ein entsetztes „Ah! Verloren!" mit einem Schlag aufs Herz als Handzeichen bewährt.
3. Schnell können Sie nun von der Leckerchentasche auf andere Objekte übergehen. Bewährt hat sich ein Papiertaschentuch, denn das fällt zusätzlich durch seine weiße Farbe ins Auge. Gerne können Sie verschiedene Objekte verlieren, einzige Bedingung ist, dass es nach Ihnen riecht.

Profitipps:

- Variieren Sie die Abstände zum verloren gegangen Objekt. Sehr schwierig wird dann auf einmal wieder der Gegenstand in unmittelbarer Nähe, der von der begeisterten Schnüffelnase schnell überrannt wird.
- Versuchen Sie auch, schwieriger zu tragende Dinge zu nehmen: ein ausgedientes Handy zum Beispiel oder einen Schlüsselbund, der sich schlecht greifen lässt. Metall nehmen die meisten Hunde zudem ungern ins Maul.

▼ **Gar nicht** so einfach, ein Taschentuch zu verlieren, ohne dass Joy es merkt …

Such mal! *Haargummisuche*

Welche Hilfsmittel? *Anfangs eine Leckerchentasche oder ein Futterdummy, später Haargummis*

Voraussetzungen? *Keine*

Die Aufgabe:

Nicht nur für Kinder ist es immer wieder erstaunlich, wie unsere Hunde Gegenstände allein mit der Nase finden können. Mit diesem Spiel gibt es dann doppelten Spaß: das Verstecken für uns und das Finden für den Hund.
Als Futterdummy eignen sich zum Beispiel Schlampermäppchen für Schüler, Schlüsseletuis mit Reißverschluss oder ein ausrangierter verschließbarer Geldbeutel.

Schritt für Schritt:

Die Vorausaussetzung für unsere Suche ist das Apportieren. Kennt er das noch nicht, muss er zuerst lernen, dass sich das Futtertäschchen nur mit Frauchens Hilfe öffnet (Punkt 1 und 2).

1. Zeigen Sie Ihrem Vierbeiner das herrlich riechende Wundertäschchen und legen Sie es direkt vor sich und Ihren Hund. Er wird hoffentlich interessiert die Nase senken – und das kann sofort angeclickert und gut belohnt werden.
2. Nimmt er es dann in die Schnauze, wird diese Handlung bestätigt. Er muss es Ihnen dafür gar nicht übergeben: Der Klick mit Wurstangebot reicht, damit er es in Ihre bereitgehaltene Hand fallen lässt. So üben Sie, bis er das fallengelassene Täschchen hochnimmt und in Ihrer Handnähe auslässt oder idealerweise übergibt.
3. Für den nächsten Schritt (und für helle Köpfe, die schon apportieren können), binden Sie den Hund an, zeigen ihm das gefüllte Täschchen und „verstecken" es in voller Sicht und in unmittelbarer Nähe. Nun gehen Sie zurück zu Ihrer Spürnase und schicken sie mit einem „Such!" los. Bringt sie Ihnen den Dummy zurück, gibt es einen Belohnungs-Jackpot!
4. Schnell können nun die Verstecke spannender werden. Wie staunen Kinder, wenn das schlaue Tier sein Täschchen unter Blättern schnell wiederfinden kann!
5. Hat Ihr Hund die Spielregeln gelernt, wird er sie auch bald auf andere Versteckobjekte übertragen können. Ich bevorzuge bunte Haargummis, die ich erstens immer mit mir führen kann und sich zweitens auch bestens an Zweigchen befestigen lassen. Weiße, blaue oder gelbe Haargummis kann der Hund noch einigermaßen sehen. Rote sind nur für unsere Augen sichtbar, der Hund kann nur noch seiner Nase folgen.

Profitipps:

Die Möglichkeiten, das Suchspiel schwieriger zu gestalten sind endlos. Hier zwei Ideen:

- Lassen Sie Ihren Hund frei absitzen („Sitz!" und „Bleib!") und warten, während Sie den Gegenstand verstecken.
- Wählen Sie höher gelegene Verstecke! Bewährt hat sich bei mir eine Höhe bis ungefähr zum Knie. Je höher, desto schwieriger, denn der Geruch ist dann vom Hund manchmal nur noch sehr schwer zu orten.

▼ Gefunden!!!

Wo isser? *Hund sucht Mensch*

F 2+ ★★★

Welche Hilfsmittel? *Ein zweiter Mensch, ein gut sitzendes Geschirr und eine etwa 8 m lange Schleppleine, ein kleiner Kunststoffcontainer mit hochwertigem Futter, zwei Handys sind hilfreich*

Voraussetzungen? *Keine*

Die Aufgabe:

Der Hund soll Familienmitglieder und Freunde in einfachem Gelände finden.

Mantrailing

Wenn Sie und Ihr Hund Spaß an dieser Art der Nasenarbeit haben, können Sie unter der Anleitung einer Mantrailinggruppe weiterarbeiten. Hier lernen Sie dann gemeinsam, auch Fremdpersonen nach einer Geruchsvorgabe zu suchen und zu finden. Es ist eine anspruchsvolle, aber faszinierende Teamarbeit, in der der Hundeführer völlig auf seinen vierbeinigen Kameraden angewiesen ist.

Schritt für Schritt:

1. Ein Familienmitglied oder Freund zeigt Ihrem angeleinten Hund einen Kunststoffcontainer mit verlockendem Futter. Während Sie den Hund zusehen lassen, entfernt sich das „Opfer" und versteckt sich hinter einem nahen Baum.
2. Mit einem „Such den Hans!" schicken Sie Ihren Hund hinterher, der sich meist nicht zweimal bitten lässt! Die Wiedersehensfreude wird groß sein, verstärkt durch die Leckerbissen!
3. Schnell können Sie nun das Versteck außerhalb des direkten Blickkontaktes legen. Lassen Sie Ihren Hund weiterhin zusehen, wie das „Opfer" sich entfernt.
4. Die Strecke kann dann länger werden, doch ich empfehle sehr, langsam vorzugehen. Lernen Sie, Ihren Hund zu lesen und ein Team mit ihm zu werden! Gibt es Anzeichen dafür, dass er die Spur verloren hat? Bleiben Sie bei „grünen" Untergründen und sammeln Sie viele Erfolgserlebnisse, bevor Sie an eine Steigerung der Schwierigkeit denken.

Profitipp:

Natürlich lässt sich bei der Personensuche der Anspruch unendlich steigern: Sie können auf Asphalt suchen lassen, die Ablenkungen können größer und die Spur älter werden.

▼ Krimi und Joseph lieben Versteckspiele!

Picknick im Grünen *Guten Appetit!*

L 2+

Welche Hilfsmittel? *Futter*

Voraussetzungen? *Keine*

Die Aufgabe:

Nehmen Sie das Futter Ihres Hundes einmal mit nach draußen und servieren Sie es ihm mit einer Suche verbunden unterwegs.

▲ **Das schmeckt** allen!

Schritt für Schritt:

1. Wird Ihr Hund mit Fertigfutter ernährt, muss dies nicht aus der heimischen Futterschüssel geschehen. Nehmen Sie eine Handvoll Futter und werfen Sie es im hohen Bogen ins Gras. Gut geeignet sind auch Laubhaufen oder ein Gebüsch. Natürlich werden auch Frischfütterer geeignete Futtermittel finden ...
   Selbst ein Futterschlinger wird so auf einmal in aller Ruhe suchen und fressen. Zeigen Hunde keine ausgesprochene Ressourcenaggression, können auch mehrere Hunde gut zusammen „picknicken“ – eine nette Sache im Garten zu Hause, vor allem, wenn die Zeit für alles andere fehlt oder das arme Tierchen verletzungsbedingt geschont werden muss.
   Eine sehr attraktive Möglichkeit ist auch, die grobe Rinde eines Baumes mit Weichfutter zu bestreichen. Er wird begeistert sein!
2. Lassen Sie Ihren Hund zusehen, wie das Futter verteilt wird, und ihn erst nach einem Startsignal beginnen.
3. Rufen Sie ihn zwischendurch zu sich, um ihn mit einem noch besseren Leckerbissen zu belohnen!

Guten Appetit!

Ehemalige Straßenhunde, deren früheres Leben oft nur aus Futtersuche bestand und die sich manchmal schlecht für anderes motivieren lassen, können so artgerecht ausgelastet werden.

▼ Dem Futter auf der Spur …

Zeig's mir! *Gegenstandssuche mit Anzeige*

F 1 ★★★

Welche Hilfsmittel? *Ein Futterbeutel oder ein Spielzeug mit Schnur, eine Extraleine*

Voraussetzungen? *Keine*

Die Aufgabe:

Für dieses Spiel muss der Hund nicht apportieren können. Angelehnt ist es an die Rettungshundearbeit. Auch da apportiert der Hund nicht das Opfer, sondern zeigt es an: meist durch Bellen, es sind aber auch andere Anzeigen denkbar.

▲ **Jetzt lasse ich es aber nicht mehr aus den Augen!**

Schritt für Schritt:

1. Nehmen Sie ein Lieblingsspielzeug Ihres Hundes oder machen Sie ein neues interessant. Gut geeignet sind Stofftiere. Dieses Spielzeug wird nun knapp außer Reichweite an einen Ast gebunden.
2. Wenn der Hund interessiert versucht, es zu holen, wird schon der erste Ansatz markiert und belohnt. Als Belohnung eignet sich jetzt ein tolles Zerrspiel mit dem Spielzeug. Manche Hunde werden aber Futter aus dem Futterbeutel bevorzugen – wir richten uns hier ganz nach den hündischen Vorlieben!
3. Nun soll der Hund ein Anzeigeverhalten lernen. Vielen Hunden fällt Bellen am leichtesten. Oft kann man sie mit Action dazu animieren und sie machen nur allzu gern mit. Beim ersten Beller nehmen Sie begeistert das Spielzeug ab und spielen mit Ihrem Hund oder belohnen ihn mit Futter.
4. Hat er dies verstanden, binden Sie den „Retter“ an und befestigen das Stofftier in Sichtweite.
5. Jetzt gehen Sie zurück zum Hund und schicken ihn los. Springt er hin und fängt an zu bellen, wird dies möglichst schnell bestätigt. Manche Hunde kommen auch zu Ihnen zurück und führen Sie dann hin. Auch dies kann ein zu förderndes Anzeigeverhalten sein.
6. Nun können die Verstecke spannender werden. Viel Spaß beim Verstecken und Suchen!

Profitipps:

Wieder einmal können Sie die Spannung leicht steigern: Versuchen Sie beispielsweise, Ihren Hund frei absitzen zu lassen („Sitz!“ und „Bleib!“), während Sie das Spielzeug verstecken. Oder: Bellt Ihr Hund als Anzeige, fördern Sie ausdauerndes Bellen, bis Sie bei Ihrem Hund sind.

◀ **Jonni** hat das Spielzeug gefunden!

Geocaching *Schatzsuche mit Hund*

Welche Hilfsmittel? *GPS, anfangs eventuell eine Plastikdose*

Voraussetzungen? *Keine*

Die Aufgabe:

Inzwischen findet Geocaching als Freizeitbeschäftigung für die ganze Familie immer mehr Anhänger. Mithilfe von Infos aus dem Internet und eines GPS wird wie bei einer Schnitzeljagd ein verborgener Schatz gesucht und gefunden. Wenn Geocachen für Sie neu ist, können Sie sich im Internet ausführlich darüber informieren. Auch wenn Sie zu den geübten Cachern gehören – lassen Sie doch einmal Ihren Hund suchen! Mit ein bisschen Training können Sie ihn zum Cachesuchhund ausbilden: Menschengemachte Objekte, die viele Cacher schon in den Händen hatten, in einem natürlichen Umfeld zu finden, ist für Schnüffelnasen eine schöne Herausforderung!

Immer langsam!

Erwarten Sie nicht, in kurzer Zeit einen ausgebildeten Cachehund zu haben. Denken Sie daran, wie lange es mit täglichem Training dauert, einen Drogenspürhund auszubilden! Haben Sie einfach Spaß am gemeinsamen Suchen und Finden! Genießen Sie den Prozess!

Schritt für Schritt:

1. Geeignet für eine Cachesuche mit Hund sind die ganz einfach versteckten Caches unter Wurzeln oder hinter Steinen. Wichtigste Bedingung ist ein Versteck in Hundenasenhöhe. Anfangs brauchen Sie Caches, die der erfahrene Cacher schon von Weitem als solche erkennen kann, etwa eine Plastikdose. Nun schicken Sie Ihren Hund los und markern jede Annäherung. Unter großem Beifall finden Sie sodann gemeinsam den Cache und zeigen ihn Ihrem Vierbeiner.
2. Nehmen Sie die Plastikdose in die Hand und bestätigen Sie jedes Schnauzestubsen mit Futter. Ihr Hund soll lernen, dass sein Interesse an der Dose mit Futter belohnt wird.
3. Wenn Sie dies an verschiedenen Caches immer wieder durchführen, wird Ihr Hund verallgemeinern, worum es geht. Schließlich riecht jeder Fundort und jede Dose anders, doch die mit Menschengerüchen verbundenen Fremdkörper in der Natur bleiben gleich.
4. Nun gilt es, ein Anzeigeverhalten auszuformen. Beobachten Sie, ob Sie den Ansatz eines Verhaltens sehen, das Sie weiter verstärken können. Möglichkeiten sind zum Beispiel Kratzen am Versteck, Verbellen oder Fixieren. Reagieren Sie anfangs auf kleinste Anzeichen und loben Sie Ihren Hund überschwänglich! Stellen Sie fest, dass der Cache für den Hund unerreichbar ist, verstecken Sie ihn einfach noch einmal unter ein paar Blättern und sorgen Sie so für ein Erfolgserlebnis.

Profitipp:

Während Sie anfangs dafür sorgen, dass das Suchgebiet sehr kleinräumig ist, können Sie bei einem Hund, der das Spiel verstanden hat, die Distanz vergrößern.

◀ Auch Cjalla findet Schatzsuche spannend

Service

Zum Weiterlesen

- Albers, Marion: *Filmreife Hundetricks. Tricktraining – nicht nur für angehende Filmhunde.* Verlag Eugen Ulmer 2018.
- del Amo, Celina: *Die neue Spaßschule für Hunde. Spielen, tricksen, clickern.* Verlag Eugen Ulmer 2009
- del Amo, Celina: *Spiel- und Spaßschule für Hunde. Über 200 Tricks und Übungen.* Verlag Eugen Ulmer 2012
- del Amo, Celina: *Abenteuer für Hunde. Spiel und Spaß unterwegs.* Verlag Eugen Ulmer 2011
- Hesel, Lynn: *Apportierspiele. Dummyarbeit Schritt für Schritt.* Verlag Eugen Ulmer 2009
- Jakob, Anja: *Treibball. Vom Spiel zum Turniersport.* Kynos Verlag 2013
- Lenz, Corinna: *Hundespielzeug einfach selber machen.* Verlag Eugen Ulmer 2013
- Rauch, Liane: *Mein Einstein auf vier Pfoten. Kreative Bindungs- und Intelligenzspiele für Hunde.* Verlag Eugen Ulmer 2016
- Sondermann, Christina: *Einfach schnüffeln! Nasenspiele für den Hundealltag.* Verlag Eugen Ulmer 2017
- Sondermann, Christina: *Denksport für Hunde. Knobelspiele schnell und einfach selbstgemacht.* Verlag Eugen Ulmer 2017
- Spyrka, Frederike: *Hundetricks mit Nala. Vom Straßenhund zum Fernsehstar.* Verlag Eugen Ulmer 2019
- Sundance, Kyra: *101 Hundetricks.* Verlag Eugen Ulmer 2009
- Sundance, Kyra: *51 Tricks für junge Hunde.* Verlag Eugen Ulmer 2012
- Sundance, Kyra: *10-Minuten-Spiele für Hunde.* Verlag Eugen Ulmer 2012

Zum Weiterlernen

- *www.anjajakob.com*
  Homepage der Autorin Anja Jakob mit Infos zu ihren Kursen, Workshops und Seminaren rund um die Beschäftigung mit dem Hund
- *www.kalalassies.de*
  Homepage der Autorin Cordula Weiß mit Infos rund um den Kurzhaarcollie, die Hundezucht und mit vielen Beschäftigungsideen
- *www.meinherzbellt.de/die-video-interviews/*
  Kostenfreie Interviews, auch von der Autorin Anja Jakob, zu einer Vielzahl interessanter Hundethemen
- *www.hey-fiffi.com*
  Videos und Artikel mit immer wieder neuen Anregungen und Ideen, auch von der Autorin Anja Jakob, rund um Hund und Training
- *www.spass-mit-hund.de*
  Homepage von Christina Sondermann mit vielen Beschäftigungsideen für Hunde
- *www.dogityourself.com*
  Communityseite von Corinna Lenz mit Anleitungen zum Selbermachen von Spielzeugen und mehr für Hunde

Über die Autorinnen

Anja Jakob hat sich mit ihrer Hundeschule „Anja Jakob - kreativ spielend zum Erfolg" (www.anjajakob.com) auf Spiel, Sport & Spaß für Hunde mit Köpfchen spezialisiert. Zu ihren Schwerpunkten zählen neben Tricktraining, Apportier-, Denk- und Schnüffelspielen auch Treibball, Kreatives Longieren, Impulskontrollspiele, Dogdance und Zughundesport. Als Referentin gibt sie Seminare in Hundeschulen und Vereinen sowie Trainingswochen in Hundehotels.

Cordula Weiß züchtet Kurzhaarcollies und achtet sehr darauf, ihre Hunde abwechslungsreich zu beschäftigen. Es ist ihr ein großes Anliegen, positiv ausgerichtete Hundeerziehung mit Bewegungsspaß und Kopfarbeit zu verbinden. Als Züchterin und Webseitenautorin (www.kalalassies.de) ist sie immer wieder Ansprechpartnerin in Sachen Hund und fühlt sich sehr verpflichtet, Mensch und Tier zu einem guten Miteinander zu verhelfen.

Bildquellen:

Titelfoto: Maren Leuker
Autorenfoto Cordula Weiß: privat
Autorenfoto Anja Jakob: Indian Eyes – Photography by Daniela Juwan
Alle restlichen Fotos stammen von Silke Klewitz-Seemann.

Impressum

Anmerkung zur Schreibweise (Gendering) der weiblichen, männlichen und unbestimmten Form:
Ausschließlich aufgrund der deutlich besseren Lesbarkeit wird in diesem Werk auf die jeweilige Mehrfachnennung oder Anpassung der Schreibweise bestimmter Bezeichnungen verzichtet. So stehen die Namen der Vertreter verschiedener Fachbereiche (wie Hundetrainer etc.) selbstverständlich für alle, die diese Berufe ausüben oder vertreten.

Die in diesem Buch enthaltenen Empfehlungen und Angaben sind von den Autorinnen mit größter Sorgfalt zusammengestellt und geprüft worden. Eine Garantie für die Richtigkeit der Angaben kann aber nicht gegeben werden. Autorinnen und Verlag übernehmen keine Haftung für Schäden und Unfälle. Bitte setzen Sie bei der Anwendung der in diesem Buch enthaltenen Empfehlungen Ihr persönliches Urteilsvermögen ein.
Der Verlag Eugen Ulmer ist nicht verantwortlich für die Inhalte der im Buch genannten Websites.

Bibliografische Information der Deutschen Nationalbibliothek
Die Deutsche Nationalbibliothek verzeichnet diese Publikation in der Deutschen Nationalbibliografie; detaillierte bibliografische Daten sind im Internet über http://dnb.d-nb.de abrufbar.

Wollgrasweg 41, 70599 Stuttgart (Hohenheim)
E-Mail: info@ulmer.de
Internet: www.ulmer.de
Lektorat: Jennifer Zajonz
Herstellung: Stephanie Haun
Umschlaggestaltung: siegel konzeption | gestaltung, Stuttgart
Satz: r&p digitale medien, Echterdingen
Reproduktion: time:ray, Jettingen
Druck und Bindung: Westermann Druck, Zwickau
Printed in Germany

ISBN 978-3-8186-0688-6